Grundlagen der Chemie

für

Medizinische Fachberufe

von

Wilfried Lemm

(Dr. Ing. Fachrichtung Chemie)

Eine Lernhilfe für Studierende der Medizinischen Fachberufe

Dieses Buch ersctzt nicht
die Teilnahme am Unterricht!

Herstellung: Books on Demand GmbH
ISBN 3-8330-0371-5

Inhaltsverzeichnis

Die Herausgabe dieses Buches wurde freundlicherweise durch die Firma

REHAU AG + Co
VK Medizin
Rheniumhaus
D-95111 Rehau

finanziell unterstützt.

Wenn Arbeit keine Freude macht,
hat sie ihren Sinn verfehlt!

Vorwort

Auf Initiative von Professor Dr. med. Roland Hetzer konnte im Frühjahr 1988 am Deutschen Herzzentrum Berlin der erste Ausbildungsgang über vier Semester in Theorie und Praxis an der neu gegründeten Akademie für Kardiotechnik (AfK) begonnen werden. Seit 1991 ist sowohl die Ausbildung als auch die Berufsbezeichnung des Kardiotechnikers staatlich anerkannt. Das breit gefächerte Spektrum der Ausbildung an der Akademie für Kardiotechnik in Verbindung mit der umfassend erworbenen Praxiserfahrung gibt jedem Absolventen nach erfolgreich abgeschlossener Ausbildung das beste Rüstzeug, um qualifiziert auch mit zukünftigen medizin-technischen Weiterentwicklungen im Bereich von Therapie- und Diagnostikverfahren der Herzchirurgie, Kardiologie, Kinder-kardiologie und Kardioanästhesie umgehen zu können.

Ausbildungsverlauf:

Die zweijährige Ausbildung an der AfK erfolgt nach den Richtlinien der Ausbildungs- und Prüfungsordnung für Kardiotechnikerinnen und Kardiotechniker (Kard-Tech APro vom 10. Mai 1991; Gesetzes- und Verordnungsblatt für Berlin Nr. 27). Die Ausbildung entspricht den Kriterien des European Board of Cardiovascular Perfusion (EBCP). Die AfK ist als anerkannte Ausbildungsstätte akkreditiert und rezertifiziert.

Der theoretische Unterricht findet in den Räumen der Akademie für Kardiotechnik des Deutschen Herzzentrums Berlin sowie in Vorlesungsräumen des Universitätsklinikums Rudolf Virchow an fünf Tagen pro Woche als Vollzeitunterricht statt.

Über die Aufnahme entscheidet eine Kommission, bestehend aus dem Leiter der Akademie für Kardiotechnik, dem mit dem Bereich Kardiotechnik betrauten Arzt des Deutschen Herzzentrums Berlin, dem Lehrkardiotechniker und dem leitenden Kardiotechniker des Deutschen Herzzentrums Berlin.

Innerhalb der theoretischen Ausbildung zum Kardiotechniker aber auch anderer Medizinischer Fachberufe vermittelt das Unterrichtsfach *Chemie* Grundkenntnisse über allgemeine chemische Vorgänge und Gesetze und ist speziell auf das spätere Berufsbild des Medizinischen Fachpersonals abgestimmt. Der Studierende soll lernen, Zusammenhänge zwischen Naturwissenschaft und Medizin zu erkennen. Ferner hat das Unterrichtsfach *Chemie* die Aufgabe, das Medizinische Fachpersonal in die Lage zu versetzen, die wichtigsten physiologischen Vorgänge von ihren chemischen Gesetzmäßigkeiten her zu verstehen. Darüber hinaus wird der Auszubildende auf künftige Entwicklungen in der Biotechnologie und Nanotechnologie und ihre eventuelle Auswirkungen auf die Herzchirurgie vorbereitet.

Der Umfang des seminaristisch gestalteten Unterrichts umfasst 25 - 28 Doppelstunden. Ergänzende Videobeiträge ersetzen zur besseren Veranschaulichung sonst notwendige Experimente. Das vorliegende Buch ist eine Lernhilfe und ersetzt nicht die Teilnahme am Unterricht. Sehr ausführlich wird am Schluß das Thema ‚Biomaterialien‘ behandelt, da vom Kardiotechniker der sachgerechte Umgang mit diesen künstlichen Materialien erwartet wird.

Anschrift:

Akademie für Kardiotechnik
Augustenburger Platz 1
D-13353 Berlin
Tel.: 030 / 4593 7125,
Fax: 030 / 4593 7139,
Email: afk@)dhzb.de

Wegen der leicht verständlichen Darstellungsweise des Fachgebietes „Chemie" ist dieses Buch für alle Studierenden der Medizinischen Fachberufe geeignet.

1. Einführung

Unter Chemie versteht man die Lehre von den Stoffen und deren Umwandlungen ineinander. Sie befasst sich mit dem Aufbau (Synthese), der Zerlegung (Analyse) und den Veränderungen (Reaktionen) von Stoffen und zählt zu den exakten Naturwissenschaften. In klassischer Weise unterscheidet man die Anorganische Chemie, die alle Elemente außer Kohlenstoff umfasst, die Organische Chemie, die auch Chemie der Kohlenstoffverbindungen heißt, und die Physikalische Chemie, die sich mit den physikalischen Gesetzen bei chemischen Reaktionen beschäftigt. Darüber hinaus gibt es Spezialgebiete, bei denen alle drei Hauptformen vertreten sind: analytische Chemie, physiologische Chemie, pharmazeutische Chemie, gerichtliche Chemie, Nahrungsmittelchemie, Agrikulturchemie, Elektrochemie, Kunststoffchemie, Kolloidchemie und andere.

Die Grundbausteine aller Verbindungen sind die chemischen Elemente, die im Periodensystem der Elemente (PSE) tabellarisch aufgeführt sind. Mit Hilfe von chemischen Formeln und chemischen Gleichungen werden selbst schwierige Reaktionsabläufe ohne Worterklärungen beschrieben (Stöchiometrie). Die verwirrende Fülle chemischer Verbindungen machen eine genaue Kennzeichnung der Stoffe notwendig. Das System der chemischen Fachbezeichnungen (Nomenklatur) hat als Basis die wissenschaftlichen Namen der Elemente, die zur Kennzeichnung von chemischen Verbindungen in mannigfacher Weise miteinander verknüpft sind. Daneben werden auch eine Reihe von gewöhnlichen Namen (Trivialnamen) für altbekannte Stoffe wie Schwefelsäure, Kochsalz, Essigsäure und andere beibehalten. Die organische Chemie, die heute über 3 Millionen chemischer Verbindungen umfasst, kann diese Fülle nur mit Hilfe lateinischer und griechischer Buchstaben, Silben und Ziffern treffend kennzeichnen, da rund 90% aller organischen Verbindungen nur aus den drei Elementen Kohlenstoff, Wasserstoff und Sauerstoff bestehen. Charakteristisch sind hier neben kettenförmigen

Verbindungen auch Ringsysteme verschiedener Art (Benzol, Naphthalin, Anthracen, Pyrrol, Furan).

Schon im Altertum, also lange bevor es eine exakte Wissenschaft der Chemie gab, kannten die Menschen aller Kulturkreise Methoden und Verfahren, die wir heute als chemische Reaktionen bezeichnen, die sie empirisch erarbeitet und über Generationen hinweg weitergegeben haben. So ist beispielsweise die Kenntnis über die Gewinnung und Verarbeitung des blauen Indigofarbstoffs etwa 7000 Jahre alt. Auch im antiken Ägypten verwendete man chemische Substanzen, um Verstorbene zu mumifizieren oder um Glas herzustellen. Das Zeitalter der Alchemie in Europa, etwa vom 13. bis zum Anfang des 16. Jahrhunderts, kennzeichnet das Streben nach dem Stein der Weisen. In Deutschland bleibt die Alchemie bis in das 18. Jahrhundert eine Geheimwissenschaft, während in anderen europäischen Ländern, besonders in Frankreich, schon zu jener Zeit Ausbildungsstätten in Chemie geschaffen wurden.

Bereits vor 2400 Jahren begründete der griechische Naturphilosoph Demokrit den Begriff ‚Atom' als das Unteilbare und schuf damit die Vorstellung vom Teilchencharakter der gesamten Materie. Der russische Chemiker Dimitrij Iwanowitsch Mendelejew stellte 1869 gleichzeitig mit dem Deutschen L. Meyer, jedoch unabhängig von ihm, das Periodensystem der Elemente (PSE) auf. Beide Wissenschaftler ordneten die damals bekannten Elemente nach ihrer Masse. Aufgrund dieses Systems war es möglich, die Eigenschaften damals noch nicht entdeckter Elemente vorauszusagen. Von nun an setzte eine stürmische Entwicklung der Chemie und der chemischen Industrie mit all ihren positiven und negativen Auswirkungen auf unser tägliches Leben ein.

2. Grundbegriffe und physikalisch-chemische Grundgesetze

Die gesamte Materie unseres Universums besteht aus winzig kleinen Teilchen. Man unterscheidet grundsätzlich zwei verschiedene Teilchensorten: die Atome und die Moleküle.

Ein reines **Element** setzt sich aus einer Vielzahl gleicher, einheitlicher **Atome** zusammen!

Ein **reiner Stoff** setzt sich aus einer Vielzahl gleicher, einheitlicher **Moleküle** zusammen!

Während die Zahl der in der Natur vorkommenden Atome auf weniger als einhundert begrenzt ist, ist die Zahl der Moleküle schier unbegrenzt. Ein Molekül ist die Kombination von wenigstens zwei Atomen. In einem Molekül sind Atome chemisch miteinander verbunden. Atome können mit chemischen Methoden nicht weiter zerlegt werden. Moleküle können dagegen in ihre Bestandteile, die Atome zerlegt werden.

Reine Elemente bzw. reine Stoffe sind in der Natur nur äußerst selten anzutreffen. In den meisten Fällen hat man es mit Stoffgemischen zu tun. So besteht innerhalb der Chemie eine der Grundoperationen darin, einen Stoff oder ein Element von dessen Begleitstoffen (Verunreinigungen) zu trennen. Diese Grundoperation der Reinigung von Substanzen hat unter anderem ihre besondere Bedeutung in der Pharmazie und in der Chipherstellung. Bei Pharmazeutika können bei Patienten schon winzige Verunreinigungen gesundheitliche Schäden hervorrufen. Auch Mikrochips sind mit nur geringsten Verunreinigungen für die Computerindustrie unbrauchbar!

Man unterscheidet **heterogene** und **homogene Stoffgemische**. Heterogene Stoffgemische lassen sich meist leichter trennen. Beispiele: Schlamm, Staub, Milch, Blut, Nebel. Die Trennung homogener Stoffgemische erfordert vielfach einen höheren technischen Aufwand. Bespiele: Salzwasser, Mischungen zweier Flüssigkeiten, Abgase, Infusionslösungen, Blutplasma.

2.1 Aggregatzustände der Materie

Alle Substanzen lassen sich mit wenigen Ausnahmen in die drei unterschiedlichen Zustandsformen, die Aggregatzustände: fest, flüssig und gasförmig überführen, ohne dass sie dabei ihre chemische Zusammensetzung verändern. Der Aggregatzustand einer Substanz ist abhängig von den herrschenden Umweltbedingungen, wie z.B. von der Temperatur oder dem Druck. Der Vorgang der Phasenumwandlungen ist reversibel!

Anhand eines einfachen und unter etwas idealisierten Bedingungen durchgeführten Experiments, der Phasenumwandlung des Wassers, sollen einige fundamentale physikalisch-chemische Gesetzmäßigkeiten herausgearbeitet werden (Abb. 1). Ein Gefäß mit Wasser und einem Thermometer wird auf ca. -20°C abgekühlt. Danach wird das Gefäß langsam erwärmt und die zeitliche Änderung der Temperatur verfolgt. Zunächst steigt die Temperatur mit der Zeit kontinuierlich an. Sie gelangt an einen Punkt, wo sie sich trotz weiterer Energiezufuhr nicht mehr ändert. An diesem Punkt beginnt das feste Wasser, seinen Aggregatzustand zu verändern, es schmilzt. Da an diesem Phasenübergang die Temperatur trotz Energiezufuhr unverändert bleibt, nennt man diesen Schmelzpunkt einen der **Fixpunkte** des Wassers. Sobald der Phasenübergang vollständig vollzogen ist, das Eis vollständig geschmolzen ist, beginnt die Temperatur erneut zu steigen. Am zweiten Fixpunkt, dem Siedepunkt, wiederholt sich der Stillstand der Temperatur, obwohl dem System weiterhin kontinuierlich Energie zugeführt wird. Jetzt ändert das Wasser seine flüssige Zustandsform und wird gasförmig. Sobald der Phasenübergang vollständig erfolgt ist, beginnt die Temperatur erneut zu steigen. Während des Experiments hat das Wasser die thermische Energie aufgenommen.

Kühlt man das Wasser beziehungsweise den Wasserdampf nun kontinuierlich ab, so erhält man den gesamten zugeführten Energiebetrag vollständig zurück.

Was geschieht mit den zugeführten Energiebeträgen an den Phasenübergängen? Am Schmelzpunkt wird das fest gefügte

Kristallgitter des Eises aufgebrochen. Am Siedepunkt wird die zugeführte Energie darauf verwendet, um den intramolekularen Zusammenhalt der Wassermoleküle aufzulösen. Die Schmelz- und Verdampfungsenergie ist beim Wasser ungewöhnlich hoch. Die Schmelzwärme beträgt rund 79 kcal pro Kilogramm Eis. Die Verdampfungsenergie beträgt sogar 539 kcal pro Kilogramm Wasser. Um ein Kilogramm Wasser von 14°C auf 15°C zu erwärmen, ist nur eine Kilokalorie erforderlich. Beim Kondensieren des Wasserdampfes, bzw. beim Erstarren des Wassers zu Eis erhält man auch diese Energiebeträge zurück.

Der erste Fundamentalsatz der Thermodynamik ist der Satz von der **Erhaltung der Energie**. Energie kann weder erzeugt noch vernichtet bzw. verbraucht werden. Die verschiedenen Energieformen lassen sich nur ineinander umwandeln! Energie ist im physikalischen Sinne definiert als die Fähigkeit, um Arbeit zu verrichten.

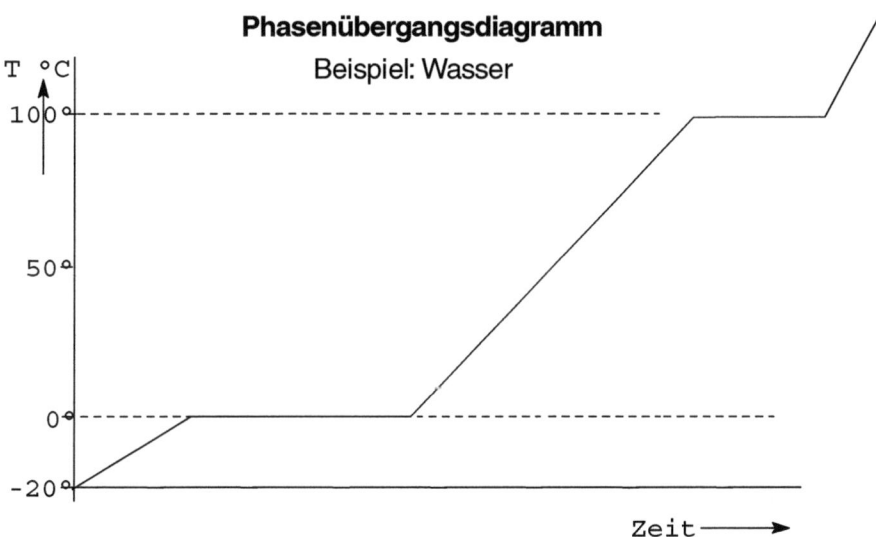

Abb. 1: Phasenübergangsdiagramm des Wassers

Ein ähnlich lautender Fundamentalsatz ist der Satz von der **Erhaltung der Masse.** Masse oder Materie kann weder erzeugt noch vernichtet werden.

Die Fixpunkte oder Phasenübergangspunkte sind charakteristisch für ein reines Element bzw. für einen reinen Stoff. Die Bestimmung der Fixpunkte ist experimentell sehr einfach und kann zur Identifizierung einer unbekannten Substanz dienen.

Für eine große Zahl an Substanzen findet man deren Fixpunkte in Tabellenbüchern zusammengestellt. Als Beispiel seien hier einige Daten genannt:

	Schmelzpunkte:	Siedepunkte:
Wasser:	0°C	100°C
Ethanol:	-117°	78°
Stickstoff:	-200°	-196°
Helium:	-272°	-268°
Eisen:	1535°	3000°
Quecksilber:	-39°	357°
Kohlenstoff:	3550°	4827°
Benzol:	6°	80°

Phasenumwandlungen sind umkehrbar, sie sind reversibel (Abb.2):

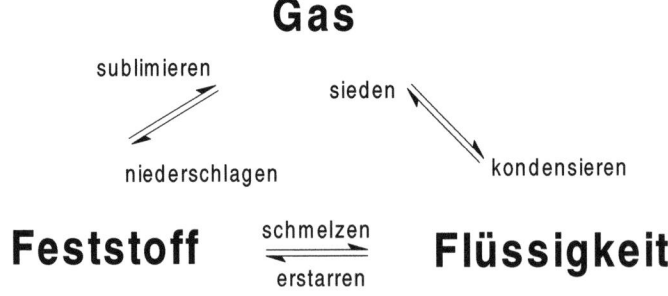

Abb. 2: Phasenumwandlungen

16

Phasenübergänge finden aber nicht nur an den Fixpunkten statt. Flüssigkeiten verdunsten, d.h. über einer Flüssigkeit bildet sich eine gasförmige Phase mit einem so genannten Partialdruck, der abhängig ist von der Temperatur. Am Siedepunkt der Flüssigkeit entspricht der Partialdruck dem Atmosphärendruck. Beim Verdunsten einer Flüssigkeit kühlt sich diese ab. Man spricht von der Verdunstungskälte. Dieses Phänomen wird verständlich, wenn man die Energieform ‚Wärme' nicht als eine eigenständige Energieform deutet. Wärme ist die kinetische Energie von Materieteilchen. In einem Feststoff ist die Bewegung der Materieteilchen durch die dicht gepackte Materie eingeschränkt. Im flüssigen Zustand erreichen die Materieteilchen eine größere Bewegungsfreiheit, die sich weiter vergrößert, wenn man die Substanz verdampft. Verdunsten heißt nichts anderes, als dass Materieteilchen mit besonders hoher kinetischer Energie bereits unterhalb des Siedepunktes die flüssige Phase verlassen. Gemäß dem Satz von der Erhaltung der Energie nehmen sie ihren Energiebetrag mit. Die Flüssigkeit ist um diesen Energiebetrag ärmer, sie kühlt sich ab (Verdunstungskälte).

Physiologische Bedeutung hat die Verdunstungskälte beim Schwitzen. Um die Körpertemperatur konstant zu halten und um den Körper vor Überhitzung zu schützen, wird aus den Poren fein verteiltes Wasser ausgeschieden. Das Wasser verdunstet und kühlt dadurch den Körper.

In der Medizin wird die Verdunstungskälte bei der Behandlung kleiner Wunden genutzt. Durch das Aufsprühen einer leicht verdampfbaren Flüssigkeit auf die Wunde wird die Haut stark abgekühlt (vereist). Sie wird weitgehend schmerzunempfindlich.

In der Technik und im Haushalt wird die Verdunstungskälte leicht verdampfbarer Flüssigkeiten in Kältemaschinen und Kühlschränken genutzt.

2.2 Die Dichte

Eine weitere physikalische Veränderung der Materie beobachtet man beim Erwärmen. Die Materie dehnt sich aus, das Volumen nimmt zu. Die Dichte nimmt ab. Die Dichte ρ ist definiert als der Quotient aus Masse zu Volumen:

$$\rho = m/V \ [g/cm^3]$$

Bei zunehmenden Volumen nimmt die Dichte ab. Eine Ausnahme von dieser Regel macht die Flüssigkeit Wasser. Man spricht von der Anomalie des Wassers. Wasser hat seine größte Dichte und sein kleinstes Volumen bei +4°C. Diese einmalige Besonderheit des Wassers hat enorme Auswirkungen auf das Leben auf unserem Planeten wie z.B. Klima, Klimaveränderung, Erosion, Laubbildung im Herbst und andere. Als einziger Feststoff schwimmt das Eis auf seiner Flüssigkeit!

2.3 Einflußnahme auf die Lage der Fixpunkte

Die Lage der Fixpunkte einer Substanz verändert sich mit dem Druck. Mit steigendem (sinkendem) Druck steigt (sinkt) der Siedepunkt einer Flüssigkeit. Mit steigendem (sinkendem) Druck steigt (sinkt) der Schmelzpunkt einer Substanz. Ein veränderter Druck hat größere Auswirkungen auf die Lage des Siedepunktes als auf die Lage des Schmelzpunktes. Dieses Verhalten wird durch das so genannte **Le-Chatelier Prinzip** (Prinzip des kleinsten Zwanges) beschrieben:

Ein im Gleichgewicht befindliches System weicht einem von außen einwirkenden Zwang (Druck) aus und reagiert so, dass sich sein Zustand möglichst wenig ändert, indem z. B. bei Druckerhöhung eine mit Volumenverminderung einhergehende Reaktion abläuft.

18

Zum Beispiel führt die Anwendung eines erhöhten Druckes auf eine gasförmige Substanz zu deren Verdichtung. Das System weicht diesem Druck aus, in dem es ein kleineres Volumen einnimmt und unter Umständen kondensiert. Das Le-Chatelier Prinzip gilt universell, auch wenn sich das Wasser als einzige Ausnahme aufgrund seiner Anomalie anders verhält. Übt man beispielsweise auf Eis einen Druck aus, so beginnt sich dessen Dichte zu erhöhen. Wasser hat seine größte Dichte bei +4°C. Bei +4°C ist Wasser flüssig, d.h. das Eis beginnt, unter Druck zu schmelzen. Aufgrund dieser Besonderheit können wir auf Eis mit Schlittschuhen oder Skiern fahren. Zwischen Schlittschuh und Eis bildet sich ein dünner Wasserfilm. Ein unerwünschter Aspekt diese Phänomens ist die Straßenglätte im Winter. Auch Gletscher wandern auf einer Wasserschicht zu Tal.

Eine zweite Möglichkeit, auf die Lage der Fixpunkte Einfluß zu nehmen, besteht darin, dass man Fremdstoffe (Verunreinigungen) einer reinen Substanz hinzumischt. Löst man Salz oder eine andere Substanz in einer Flüssigkeit, auch Wasser, so sinkt deren Schmelzpunkt. Es steigt aber der Siedepunkt! Durch das Ausstreuen von Salz auf vereiste Straßen beginnt das Salz zu tauen. Eisberge bestehen auch im Meerwasser größtenteils aus Süßwasser. Durch die Zumischung von Fremdsalzen senkt man beispielsweise die Schmelztemperatur des Rohstoffs für die Aluminiumgewinnung (Bauxit).

Andererseits deutet ein erniedrigter Schmelzpunkt einer bekannten Substanz auf Verunreinigungen hin. Im so genannten Zonen-schmelzverfahren beseitigt man über ein fein abgestimmtes Temperaturprogramm die Verunreinigungen aus dem Roh-Silizium und erhält auf diese Weise ein hoch gereinigtes Material für die Chipherstellung.

2.4 Die idealen Gasgesetze

Ideale Gase unterscheiden sich von den realen Gasen dadurch, dass man vereinfachend annimmt, dass die einzelnen Gasteilchen nur ein punktförmiges Volumen besitzen und dass die Partikel sich nicht wechselseitig beeinflussen. Für reale Gase müssen die folgenden idealen Gasgesetze korrigiert werden. Für nicht allzu genaue Abschätzungen sind sie aber vollkommen ausreichend.

Erhöht man den Druck auf ein eingeschlossenes Gas, so sinkt dessen Volumen:

$$V \sim 1/p$$

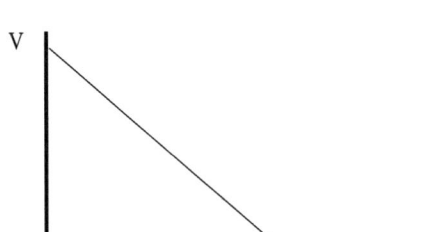

Erwärmt man ein eingeschlossenes Gas, so erhöht sich dessen Volumen:

$$V \sim T$$

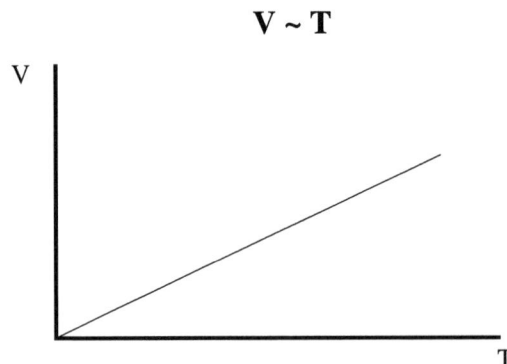

Kühlt man ein ideales Gas auf eine Temperatur von −273°C ab, so verschwindet dessen Volumen. Jegliche Molekularbewegung kommt zum Erliegen. Die Temperatur von -273°C nennt man den absoluten Nullpunkt. Diese Temperatur entspricht 0°Kelvin.

Verdichtet (komprimiert) man unter adiabatischen (es findet kein Wärmeaustausch statt) Bedingungen ein eingeschlossenes Gas, so erhöht sich dessen Temperatur:

$$T \sim p$$

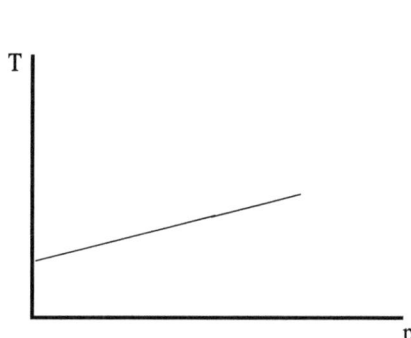

Das **Henry'sche Gesetz** beschreibt die Löslichkeit von Gasen in Flüssigkeiten. Es lautet:

Ein Gas löst sich proportional zu seinem Druck in einer Flüssigkeit. Verdoppelt man beispielsweise den Druck, so löst sich die doppelte Menge Gas in der Flüssigkeit.

3. Atombau und Atommodelle

Der Begriff ‚Atom' ist, wie bereits erwähnt, ungefähr 2500 Jahre alt und bezeichnet damit ‚das Unteilbare'. Es waren aber weitere naturwissenschaftliche Erkenntnisse, wie z.B. jene in der Astronomie, der Elektrizität und über die natürliche Radioaktivität notwendig, um Modellvorstellungen über den Bau der Atome zu entwickeln. Die ersten Atommodelle waren unzulänglich und erklärten nicht all die bereits vorliegenden experimentellen Befunde, wie zum Beispiel das Periodensystem der Elemente (PSE).

Das **Rutherford'sche Atommodell**, benannt nach dem britischen Chemiker und Physiker Ernest Baron Rutherford of Nelson and Cambridge, trägt auch den Namen ‚Planetenmodell'. In Anlehnung an die Verhältnisse in unserem Sonnensystem, wo Planeten ein Zentralgestirn umkreisen, formulierte er vor gut einhundert Jahren seine Vorstellung vom Bau der Atome:

Um ein positiv geladenes Zentrum, dem Atomkern, kreisen negativ geladene Teilchen, die Elektronen.

Diese Modellvorstellung erklärt nicht die Periodizität des Periodensystems der Elemente. Auch die Frage, warum die negativ geladenen und praktisch masselosen Elektronen nicht in den positiv geladenen Kern stürzen, konnte mit diesem Atommodell nicht beantwortet werden. Der Atomkern befindet sich im Mittelpunkt des Gesamtatoms und macht über 99,9% der Gesamtmasse aus. Sein Durchmesser beträgt nur etwa den zehntausendsten Teil des Durchmessers des Gesamtatoms. 1000 m³ Eisen enthält beispielsweise weniger als ein Kubikmillimeter Atomkerne. Dieses Kubikmillimeter wiegt rund 8000 Tonnen! Der absolute Durchmesser eines Atomkerns beträgt etwa 10^{-14} m, der des Gesamtatoms etwa 10^{-10} m!

Durch erweiterte Kenntnisse über den Bau der Atomkerne wissen wir heute, dass ein Atomkern aus zwei Elementarteilchen besteht: dem **Proton**, das eine positive Ladung trägt und dem **Neutron**, das keine elektrische Ladung trägt. Beiden Elementarteilchen wird die Masse „1" zugeschrieben. Innerhalb des PSE nimmt, von oben links mit dem

Wasserstoff „H" beginnend, von links nach rechts die Kernladungszahl um den Wert „1" zu. Da ein Atom generell ein elektrisch neutrales Gebilde ist, wächst in der Elektronenhülle demzufolge im gleichen Maße die Zahl der Elektronen, die die Träger einer negativen Ladung sind.

Während Mendelejew in seinem PSE die Elemente nach ihrer Masse ordnete, ordnet das moderne PSE nach der Ordnungszahl!

Ordnungszahl = Zahl der Protonen (Kernladungszahl)

Zahl der Neutronen = Massenzahl - Ordnungszahl

Massenzahl = Neutronenzahl + Ordnungszahl

Elektronenzahl = Ordnungszahl (neutrales Atom)

3.1 Isotope

Im Atomkern treten zu den Protonen auch Neutronen hinzu. Die Summe aus Protonen und Neutronen ergibt die Atommasse. Die Zahl der Neutronen unterscheidet sich von der Zahl der Protonen, so dass Elemente entstehen, die bei gleich bleibender Protonenzahl eine unterschiedliche Anzahl an Neutronen im Kern vereinen und sich demzufolge in ihren Atommassen unterscheiden, nicht aber durch die Zahl der Elektronen, da diese immer der Kernladungszahl entspricht. Solche Elemente nennt man **Isotope** (iso topos = gleicher Ort). Die Isotope ein und des selben Elements unterscheiden sich nicht in ihren chemischen Eigenschaften. Daher können Isotope nur durch besondere und recht aufwendige physikalische Verfahren von einander getrennt werden. Die für jedes Element im PSE angegebene Atommasse wurde experimentell bestimmt. Sie berücksichtigt die ‚Verunreinigung' durch Isotope und deren relative Häufigkeit. Daher sind die experimentell bestimmten Atommassen keine ganze Zahlen.

Im Vergleich zum Wasserstoff ‚H' verdoppelt sich die Masse des Deuteriums ‚D' durch die Aufnahme eines Neutrons. Die Sauerstoffverbindungen des Wasserstoffs und des Deuteriums, das

Wasser und das schwere Wasser, unterscheiden sich in ihren physikalischen Eigenschaften deutlich von einander:

	H_2O	D_2O
$\rho_{max.}$:	4,0°C	12°C
Schmelzpunkt:	0°C	3,8°C
Siedepunkt:	100°C	101,43°C

Man unterscheidet stabile und instabile Isotope. Instabile Isotope zerfallen nach einer bestimmten Zeitcharakteristik unter Emission von Strahlung. Daher nennt man sie auch **Radioisotope**. Neben einer großen technischen und wissenschaftlichen Bedeutung (Kohlenstoffuhr) finden Radioisotope auch in der Medizin vielfache Anwendungen: als Tracer zur Identifizierung von Stoffwechsel-störungen, Thrombenbildung, Blutvolumenbestimmung, Tumor-behandlung, Positronen-Emissions-Tomographie (PET).

Die Lebensdauer von Radioisotope ist sehr unterschiedlich. Man quantifiziert sie durch die so genannte Halbwertszeit. Es gibt Isotope mit einer Halbwertszeit im Bereich von Nanosekunden und solche von einigen Milliarden Jahren. Das Kohlenstoffisotop ^{14}C hat beispielsweise eine Halbwertszeit von 5760 Jahren und das in der Medizin vielfach eingesetzte ^{125}I - Isotop sechzig Tage, das Uran-238 - Isotop 5×10^9 Jahre.

Zur Nutzung der Kernenergie wird das $^{235}Uran$-Isotop verwendet. Durch Beschuß mit Neutronen zerfällt es in verschiedene Fragmente und liefert zwei weitere Neutronen (Kettenreaktion). Beim Kernzerfall von 235 g $^{235}Uran$ werden rund 4×10^9 kcal Energie frei gesetzt!

Beim Umgang mit Radioisotope müssen spezielle Sicherheits-vorkehrungen (Strahlenschutz) getroffen werden!

3.2 Das Bohr'sche Atommodell

Der dänische Physiker Niels Bohr entwickelte 1913 ein erweitertes Atommodell, das unter anderem das Linienspektrum des Wasserstoffatoms erklärte. Unter Beibehaltung der Vorstellung Rutherfords über den Atomkern weist er den Elektronen diskrete, genau von einander abgegrenzte Aufenthaltsbereiche, Schalen, zu. Daher heißt dieses Atommodell auch **Schalenmodell**. Mit jeder neuen Periode wird eine neue Schale begonnen. Es gibt maximal sieben Schalen, die sich konzentrisch um den Atomkern anordnen. Jede Schale kann maximal $2n^2$ Elektronen aufnehmen, die äußere jedoch nur acht. Mit Ausnahme des Heliums ist die Elektronenkonfiguration von acht Außenelektronen bei den Edelgasen realisiert. Trotz einiger Unzulänglichkeiten lassen sich mit Hilfe des Bohr'schen Atommodells eine ganze Reihe Vorhersagen über das chemische Verhalten der Elemente treffen.

1. **Größe der Atome**:

    1.1 Innerhalb einer Periode nimmt der Atomradius von links nach rechts ab.

    1.2 Innerhalb einer Gruppe nimmt der Atomradius von oben nach unten zu.

2. **Metalle und Nichtmetalle**:

2.1 Innerhalb einer Periode nimmt der Metallcharakter von links nach rechts ab.

2.2 Innerhalb einer Gruppe nimmt der Metallcharakter von oben nach unten zu.

2.3 In der Mitte des PSE finden sich die metallischen Halbleiter, sowie Elemente mit metallischen als auch nichtmetallischen Eigenschaften.

3. Ionisierungsenergie:

Def.: *Die Ionisierungsenergie ist der Energiebetrag, der aufgewendet werden muß, um einem Atom ein Elektron zu entreißen.*

3.1 Innerhalb einer Periode nimmt die Ionisierungsenergie von links nach rechts zu.

3.2 Innerhalb einer Gruppe nimmt die Ionisierungsenergie von oben nach unten ab.

4. Elektronegativität:

Def.: *Die Elektronegativität ist der Zahlenwert für die Tendenz eines Atoms, in einer Bindung die Elektronen an sich zu ziehen.*

4.1 Innerhalb einer Periode nimmt die Elektronegativität von links nach rechts zu.

4.2 Innerhalb einer Gruppe nimmt die Elektronegativität von oben nach unten ab.

5. Chemische Verwandtschaft:

Alle Elemente innerhalb einer Gruppe haben die gleiche Zahl an Elektronen in ihrer äußeren Schale. Das erklärt ihre nahe chemische Verwandtschaft, denn die Außenelektronen bestimmen ihre chemischen Eigenschaften.

Elektronen können durch Anregung, durch thermische, optische oder elektrische Energie von einer Schale auf die nächst höhere Schale springen (Quantensprung). Dadurch entsteht ein für ein Element charakteristisches Linienspektrum. Auf dieser Eigenschaft beruhen analytische Verfahren, die Flammenphotometrie und die Atomadsorptionsspektroskopie.

Medizinische Anwendung: Bestimmung von Natrium, Kalium und Calcium im Blutplasma.

Substanz	Flammenfarbe	Typische Linien [nm]
Rubidium	violett/rot	421,5 780,0
Caesium	hell blauviolett	455,5 459,5
Calcium	orangerot	553,3 (grün) 622,0 (rot)
Strontium	rot	460,7 (blau) 640-690 (rot) (4 Linien)
Barium	hellgrün	513,7 524,2 (4 Linien)
Indium	violettblau	451,1
Thallium	grün	535,0

Trotz seiner erweiterten Aussage hat auch das Bohr'sche Atommodell noch Mängel. Es erklärt weder die Verletzung der Oktettregel in der ersten Periode, noch die Tatsache, dass das kreisende Elektron nicht in den Kern stürzt. Auch den Aufbau der Elektronenhüllen bei den Übergangselementen, den Lanthaniden und den Actiniden vermag es nicht zu deuten.

3.3 Das quantenmechanische Atommodell (Orbitalmodell)

Durch die Zusammenarbeit zahlreicher, international renommierter Wissenschaftler entstand das dritte und letzte und auch heute noch gültige Atommodell, das quantenmechanische oder auch wellenmechanische Atommodell.

Die entscheidende Neuerung besteht darin, dass die Vorstellung, dass die Elektronen um den Kern kreisen, aufgegeben wird. Den Elektronen werden die Eigenschaften einer stehenden Kugelwelle (Abb.3) zugeschrieben.

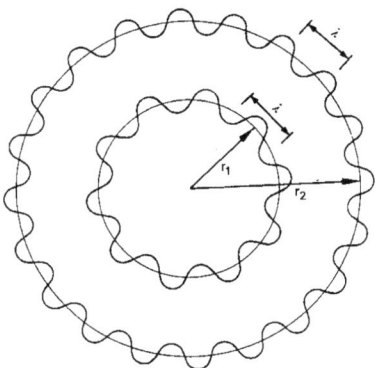

Abb. 3: Kugelwellenmodell

Dadurch haben sie eine charakteristische Wellenlänge λ und eine charakteristische Frequenz ν. Die Wellenlänge λ und die Frequenz ν sind durch die allgemeine Wellengleichung miteinander verknüpft:

$$c = \lambda \times \nu$$

$$c = \text{Lichtgeschwindigkeit } (3 \times 10^5 \text{ km/sec})$$

Durch die Gleichung

$$E = h \times \nu$$

$$h = \text{Planck'sches Wirkungsquantum}$$

hat daher jedes Elektron einen ganz bestimmten Energieinhalt oder Energieniveau.

Die zweite Erweiterung besteht darin, dass man die einzelnen Schalen noch einmal in Orbitale unterteilt. Man bezeichnet sie als s-Orbitale, p-Orbitale, d-Orbitale und f-Orbitale, die sich alle sowohl in ihrer räumlichen Gestalt (Abb. 4) als auch in ihrem Energieinhalt von einander unterscheiden. Es gibt ein s-Orbital, drei p-Orbitale, fünf d-Orbitale und sieben f-Orbitale. Jedes dieser Orbitale kann maximal zwei Elektronen mit antiparallelem Spin aufnehmen.

Während das s-Orbital kugelsymmetrisch ist, sind die drei hantelförmigen p-Orbitale räumlich ausgerichtet. Sie stehen senkrecht aufeinander und bilden einen rechten Winkel! Auch die fünf d-Orbitale sind räumlich orientiert.

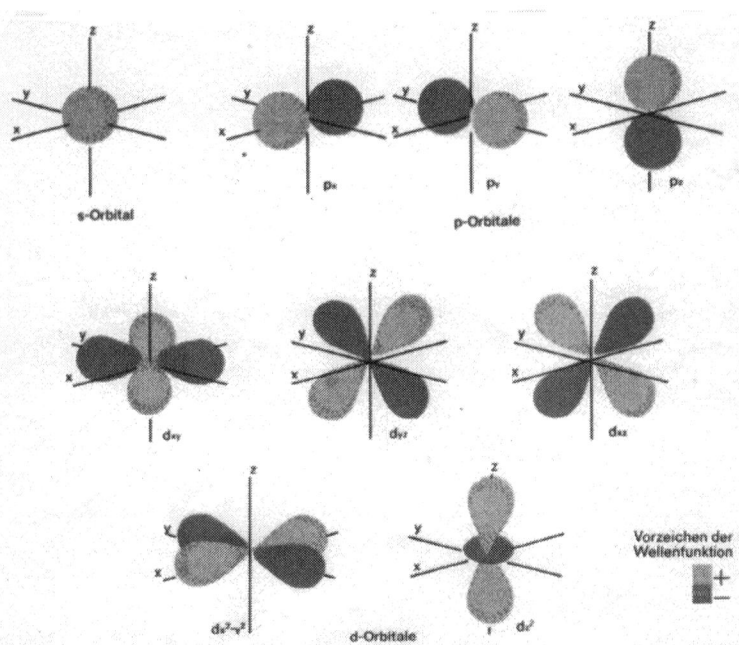

Abb. 4: s-, p- und d-Orbitale, ihre Gestalt
und ihre räumliche Ausdehnung

Der Aufbau der einzelnen Schalen erfolgt nach folgendem Schema:

Die 1. Schale enthält 1 s-Orbital.

Die 2. Schale enthält 1 s-Orbital und 3 p-Orbitale.

Die 3. Schale enthält 1 s-Orbital, 3 p-Orbitale und 5 d-Orbitale.

Die 4. Schale enthält 1 s-Orbital, 3 p-Orbitale, 5 d-Orbitale und 7 f-Orbitale.

Die 5. Schale enthält 1 s-Orbital, 3 p-Orbitale und 5 d-Orbitale.

Die 6. Schale enthält 1 s-Orbital und 3 p-Orbitale.

Die 7. Schale enthält 1 s-Orbital.

Pauli-Prinzip: In einem Atom befinden sich keine zwei Elektronen gleicher Energie.

Die erste Periode beginnt mit Wasserstoff ,H'. Es steht nur eine Schale mit einem s-Orbital zur Verfügung. Dieses 1s-Orbital wird mit einem Elektron besetzt. Es trägt die Bezeichnung $1s^1$. Beim rechten Nachbarn des Wasserstoffs, dem Helium ,He' kommt ein weiteres Elektron hinzu. Es wird ebenfalls in das 1s-Niveau eingeführt. Es trägt die Bezeichnung $1s^2$ und hat einen antiparallelen Spin. Damit ist das 1s-Orbital vollständig besetzt. Ein weiteres Orbital steht nicht zur Verfügung. In der ersten Periode finden nur zwei Elemente mit maximal zwei Elektronen Platz. Die erste Schale ist mit zwei Elektronen vollständig gesättigt.

Mit dem Element Lithium ,Li' wird die zweite Periode begonnen. Unter der zweiten Schale liegt die mit zwei Elektronen vollständig gesättigte erste Schale. In der zweiten Schale stehen ein 2s-Orbital und drei 2 p-Orbitale zur Verfügung. Beim Lithium wird das dritte Elektron in das 2s-Niveau eingebaut. Beim rechten Nachbarn des Lithiums, dem Beryllium ,Be' wird das vierte Elektron in das 2s-Niveau eingebaut. Beryllium hat die Elektronenkonfiguration $1s^2\,2s^2$. Damit ist das 2s-Niveau vollständig gesättigt.

Bei dem rechten Nachbarn des Berylliums, dem Bor ‚B' wird das erste der drei p-Orbitale mit einem Elektron besetzt. Das Bor hat die Elektronenkonfiguration $1s^2$, $2s^2$, $2p^1$. Beim Kohlenstoff ‚C' kommt ein weiteres Elektron hinzu. Es besetzt eine der beiden Positionen im zweiten p-Orbital. Beim Stickstoff ‚N' kommt ein weiteres Elektron hinzu. Es besetzt eine der beiden Positionen im dritten p-Orbital. Beim Sauerstoff ‚O' kommt ein weiteres Elektron hinzu. Es besetzt die zweite Position im ersten p-Orbital mit antiparallelem Spin. Beim Fluor ‚F' kommt ein weiteres Elektron hinzu. Es besetzt die zweite Position im zweiten p-Orbital mit antiparallelem Spin. Das Fluor hat die Elektronenkonfiguration $1s^2$, $2s^2$, $2p^5$. Beim Edelgas Neon ‚Ne' kommt ein weiteres Elektron hinzu. Es besetzt die zweite Position im dritten p-Orbital mit antiparallelem Spin. Damit sind alle p-Orbitale vollständig besetzt. Die zweite Schale hat maximal acht Elektronen.

Generell folgt das Besetzungsritual der **Hund'schen Regel**. Danach wird ein Orbital immer erst einzeln besetzt. Sind alle Orbitale eines Niveaus einzeln besetzt, erfolgt die doppelte Besetzung durch ein Elektron mit antiparallelem Spin.

Es wird die dritte Schale mit einem 3s-Niveau begonnen. Das Natrium ‚Na' hat die Elektronenkonfiguration $1s^2$, $2s^2$, $2p^6$, $3s^1$. Das Chlor ‚Cl' hat die Elektronenkonfiguration $1s^2$, $2s^2$, $2p^6$, $3s^2$, $3p^5$. In der dritten Schale stehen bereits fünf 3d-Orbitale zur Verfügung. Sie werden aber noch nicht besetzt.

Mit Kalium ‚K' wird die vierte Schale mit einem 4s-Niveau begonnen. Beim Calcium ‚Ca' ist das 4 s-Orbital mit zwei Elektronen vollständig besetzt. Mit dem Element Scandium ‚Sc' wird nun aus energetischen Gründen damit begonnen, das 3 d-Orbital aufzufüllen. Das 3 d-Niveau liegt energetisch tiefer als das 4 p-Niveau. Mit Scandium wird die Gruppe der Übergangselemente eröffnet. Alle Übergangselemente besitzen zwei Elektronen auf ihrer äußeren Schale. Diese zwei Außenelektronen verleihen den Übergangselementen kollektive Eigenschaften: alle Übergangselemente sind Metalle! Mit Zink ‚Zn' sind alle fünf 3 d-

Orbitale doppelt besetzt. Mit Gallium wird nun das erste der drei 4p-Orbtale mit einem Elektron besetzt.

Beispiel für die Besetzungsfolge der Elektronen beim Übergangselement Eisen ‚Fe':

Eisen hat die Ordnungszahl 26, d.h. 26 Elektronen müssen auf die einzelnen Orbitale gemäß dem wellenmechanischen Atommodell verteilt werden.

$$1. \text{ Schale: } 1s^2$$

$$2. \text{ Schale: } 2s^2 \ 2p^6$$

$$3. \text{ Schale: } 3s^2 \ 3p^6 \ 3d^6$$

$$4. \text{ Schale: } 4s^2$$

Bevor das 3d-Niveau besetzt wird, erfolgt die Besetzung des 4s-Niveaus!

Die chemischen Eigenschaften eines Elements werden generell durch dessen Außenelektronen bestimmt. Auf den darunter liegenden Schalen ist mit der Elektronenkonfiguration der Edelgase ein stabiler, gesättigter Zustand erreicht.

4. Die chemische Bindung

In der Natur kommen die Elemente in reiner Form nur äußerst selten vor. Solche Ausnahmen sind beispielsweise die Edelgase oder einige Edelmetalle. In den meisten Fällen befinden sich die Elemente in einer Verbindung, sie haben sich mit anderen Elementen zu einem **Molekül** verbunden. Der Grund für dieses Bestreben, Bindungen einzugehen, liegt in der unvollkommen aufgefüllten äußeren Elektronenschale der Atome. Alle Elemente trachten danach, in den Zustand einer Edelgaskonfiguration zu gelangen, d.h. acht Elektronen in ihrer äußeren Schale anzuordnen (**Oktettregel**). Dieser besonders stabile Elektronenzustand wird dadurch erreicht, dass die Atome in einer chemischen Verbindung entweder Elektronen austauschen oder teilen. Es gibt im wesentlichen zwei unterschiedliche Bindungstypen, die Atom- und die Ionenbindung, zwischen denen sich Übergangsformen ausbilden. Die Elektronegativitätsdifferenz zweier Bindungspartner ΔEN entscheidet darüber, welcher Bindungstyp vorliegt.

Neben diesen **Hauptvalenzbindungen** gibt es noch die **Nebenvalenzbindungen**, die für den Zusammenhalt der einzelnen Moleküle innerhalb eines Molekülverbandes verantwortlich sind oder bestimmte räumliche Strukturen fixieren (Proteine).

Ein Maß für die Festigkeit einer chemischen Bindung ist ihre **Bindungsenergie.** Das ist der Energiebetrag, der bei der Knüpfung einer Bindung frei wird. Der gleiche Betrag muß aufgewendet werden, um diese Bindung wieder zu lösen. Die Atombindung ist im Gegensatz zur Ionenbindung gerichtet!

Satz der multiplen Proportionen: Atome verbinden sich in kleinen, ganzzahligen Zahlenverhältnissen. Über die relative Zusammen-setzung, d.h. die Kombination der einzelnen Elemente in einem Molekül entscheidet die **Wertigkeit** oder **Bindigkeit** der Reaktionspartner. Ihr Zahlenwert entspricht der Zahl bindungsfähiger Elektronen.

4.1 Die Atombindung (auch kovalente Bindung oder Elektronenpaarbindung, homöopolare Bindung)

Bei der homöopolaren Atombindung ist die Elektronegativitätsdifferenz ΔEN gleich Null. Die Bindung kommt durch Überlappung zweier Atomorbitale zustande. Zum Beispiel überlappen sich die beiden $1s^1$-Orbitale zweier Wasserstoffatome und bilden ein Molekülorbital:

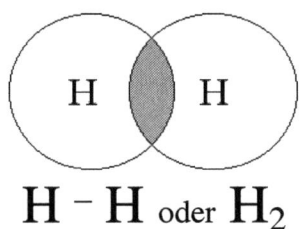

$$H - H \text{ oder } H_2$$

Abb. 5: Überlappung zweier s-Orbitale beim Wasserstoff

Zwischen beiden Wasserstoffatomen entsteht ein Bindungselektronenpaar, bestehend aus zwei Elektronen mit antiparallelem Spin. Beide Partner teilen sich das Elektronenpaar; sie besitzen formal die Elektronenkonfiguration des Heliums.

Oder es überlappen sich die beiden nur halb besetzten 3p-Orbitale zweier Chloratome:

$$Cl - Cl \text{ oder } Cl_2$$

Beide Partner teilen sich auch in diesem Fall das Bindungselektronenpaar; sie besitzen formal die Elektronenkonfiguration des Neon.

Oder es überlappen sich jeweils die beiden nur halb besetzten 3p-Orbitale zweier Sauerstoffatome:

$$O = O \text{ oder } O_2$$

Dabei entsteht eine Doppelbindung. Beide Partner teilen sich beide Bindungselektronenpaare; sie besitzen formal die Elektronenkonfiguration des Neon.

Oder es überlappen sich jeweils die drei nur halb besetzten 3p-Orbitale zweier Stickstoffatome:

$$N \equiv N \text{ oder } N_2$$

Dabei entsteht eine Dreifachbindung. Beide Partner teilen sich die drei Bindungselektronenpaare; sie besitzen formal die Elektronenkonfiguration des Neon. Aufgrund dieser sehr festen Dreifachbindung ist der Stickstoff äußerst reaktionsträge. Obwohl der Stickstoff eine große biologische Bedeutung hat – beispielsweise enthalten alle Eiweißstoffe Stickstoff - sind nur wenige mikrobielle Spezialisten dazu in der Lage, den atmosphärischen Stickstoff direkt zu assimilieren.

4.2 Die Ionenbindung

Bei der Ionenbindung ist die Elektronegativitätsdifferenz ΔEN größer als 2,2. Diese Bindungsart entsteht, wenn sich Atome entweder vollständig von ihren Außenelektronen trennen oder wenn Atome ihre noch freien Orbitalplätze vollständig mit Elektronen besetzen, die ihnen von einem Bindungspartner angeboten werden. Durch diesen totalen Elektronenaustausch entstehen elektrisch geladene Teilchen, die **Ionen**. Trennt sich ein Atom von einem oder mehreren Elektronen, so entsteht ein positiv geladenes Teilchen, da jetzt die positive Kernladungszahl überwiegt. Nimmt dagegen ein elektrisch neutrales Atom ein oder mehrere Elektronen auf, so entsteht ein negativ geladenes Teilchen, da jetzt die negativen Elektronen überwiegen. Die positiv geladenen Teilchen nennt man **Kationen**. Die negativ geladenen Teilchen heißen **Anionen**. In einer Lösung oder in einer Schmelze wandern die Ionen zu den entgegengesetzt geladenen Elektroden eines elektrischen Feldes. Die Kationen wandern zur negativ geladenen Elektrode, der Kathode. Die Anionen wandern zur positiv geladenen Elektrode, der Anode.

Besonders diejenigen Elementegruppen, die im PSE entweder ganz rechts oder ganz links stehen, sind in der Lage, Ionenbindungen auszubilden, d.h. Elektronen vollständig auszutauschen.

Im Gegensatz zur Atombindung ist die Ionenbindung nicht gerichtet! Die elektrostatische Anziehungskraft eines elektrisch geladenen Teilchens erstreckt sich in alle Richtungen des Raumes. Beispielsweise gruppiert ein Kation (Anion) mehrere Anionen (Kationen) um sich. Die Anzahl der gebundenen Partner hängt von der Größe des Kations (Anions) ab. Es entsteht ein Ionengitter, in dem sich die Ionen in einer räumlich dichtesten Kugelpackung anordnen. Salze kristallisieren in solchen Ionengittern. Bei ungestörtem, perfektem Kristallwachstum gibt die makroskopisch sichtbare Kristallform die Geometrie der so genannten Elementarzelle wieder. Die Raumstruktur des Kochsalzes (NaCl) ist ein Würfel, es bildet ein kubisch-flächenzentriertes Ionengitter (Abb. 6).

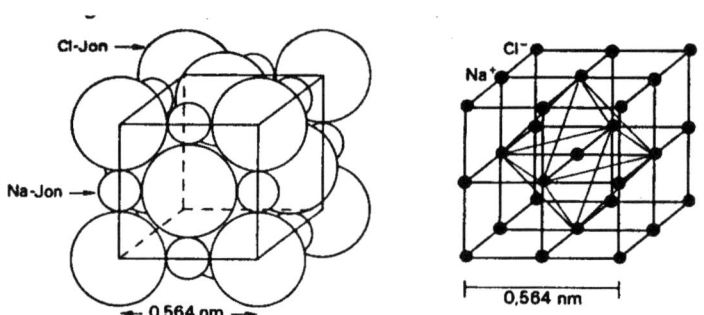

Abb. 6: Elementarzelle des NaCl-Kristalls

Salze haben gemeinsame Eigenschaften: sie sind meist hart und spröde, sie haben im allgemeinen einen hohen Schmelzpunkt und Salzschmelzen und Salzlösungen leiten den elektrischen Strom. Viele Salze bilden sich aus einem Metall und einem Nichtmetall. Einige Salze sind in der Lage, in ihre Gitterstruktur Wassermoleküle mit einzubauen (Kristallwasser): z.B. $FeSO_4 \times 7H_2O$, $CaCl_2 \times 6H_2O$, $CuSO_4 \times 5H_2O$.

Die Bindungsenergie der Ionenverbindungen ist meist außerordentlich groß. Um diese Bindungen wieder zu lösen, ist ein hoher Energiebetrag aufzuwenden. Dennoch „lösen" sich zahlreiche Salze in Wasser, sie dissoziieren. Dabei beobachtet man häufig eine Wärmetönung, die Salzlösung erwärmt sich oder sie kühlt sich ab. Diese positive bzw. negative Wärmetönung wird im wesentlichen durch zwei energetisch relevante Vorgänge bestimmt. Einerseits verbraucht das Auflösen des Ionengitterverbandes Energie, andererseits liefert die Ausbildung einer **Hydrathülle** (allgemeiner: Solvathülle) um die gelösten Ionen Energie. Die Ionen umgeben sich mit einer Hülle polarer Wassermoleküle, die recht fest mit den geladenen Ionen verbunden ist. Wie bereits erwähnt, wird diese Hydrathülle in einigen Fällen sogar in den Kristall mit eingebaut. Bei der Knüpfung dieser Bindung wird die **Hydratationsenergie** (Solvatationsenergie) frei.

Bindungsenergie > Hydratationsenergie - Abkühlung

Bindungsenergie < Hydratationsenergie - Erwärmung.

Manche Kristalle (besonders Quarz, Turmalin) besitzen **piezoelektrische Eigenschaften**, die dadurch entsteht, dass sich unter Druck an den Kristallflächen ein elektrisches Feld (eine elektrische Spannung) ausbildet (piezoelektrischer Effekt). Umgekehrt ruft eine elektrische Spannung an den Kristallflächen kleine Deformationen bei diesen Kristallen hervor. Die Piezoelektrizität wird heute zur Konstanthaltung der Frequenz bei Quarzuhren, zur Erzeugung von Ultraschall und in der Funktechnik verwendet, indem man eine rasch wechselnde elektrische Spannung anlegt und die Eigenfrequenz eines Kristallplättchens ausnutzt. Der piezoelektrische Effekt wird auch zum Messen von Drücken und in Kristalltonabnehmern benutzt. In der Tunnelraster-Elektronen-Mikroskopie lassen sich mit Hilfe des piezoelektrischen Effekts Manipulationen im Nanobereich vornehmen, wodurch atomare Strukturen sichtbar gemacht werden können. Der piezoelektrische Effekt hat eine große Bedeutung in der Nanotechnologie.

4.3 Die polare Atombindung.

Bei der polaren Atombindung ist die Elektronegativitätsdifferenz ΔEN größer als Null aber kleiner als 2,2. Wie bei der homöopolaren Atombindung bilden sich auch hier durch die Überlappung von Orbitalen Bindungselektronenpaare aus. Dadurch, dass einer der beiden Bindungspartner eine höhere Elektronegativität besitzt, wird das Bindungselektronenpaar mehr durch diesen Bindungspartner angezogen. Das Bindungselektronenpaar ist nicht mehr gleichmäßig zwischen beiden Atomen verteilt. Durch diese polarisierte Atombindung entstehen molekulare Dipole, Gebilde, bei denen die elektrischen Ladungen getrennt sind.

Abb. 7: Dipol

So ist beispielsweise auch das Wassermolekül ein Dipol:

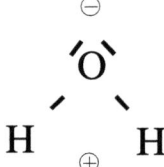

Abb. 8: Strukturformel des Wassermoleküls

Beide Bindungen zwischen dem Sauerstoffatom und den Wasserstoffatomen entstehen durch eine 2p – 1s Überlappung der jeweils nur halb besetzten Orbitale. Die 2p-Orbitale bilden im Sauerstoffatom einen rechten Winkel. Daher ist das Wassermolekül gewinkelt! Die Elektronegativität des Sauerstoffs beträgt 3,5, die des Wasserstoffs 2,2. Die Wasserstoff-Sauerstoff-Bindung ist in Richtung zum Sauerstoff hin polarisiert. Aufgrund des Dipolcharakters des

Wassermoleküls hat das Wasser einen vergleichsweise hohen Siedepunkt von 100°C und eine hohe Verdampfungswärme. Beim Sieden müssen die molekularen Dipole von einander getrennt werden. Flüssiges Wasser hat eine Makrostruktur, die durch die Wechselwirkung der Dipolmoleküle aufrecht erhalten wird.

Auch in den beiden Verbindungen Methan (CH_4) und Tetrachlorkohlenstoff (CCl_4) liegen polarisierte Bindungen vor, die allerdings unterschiedlich ausgerichtet sind. Sie treten nach außen hin nicht in Erscheinung, weil sich aufgrund der symmetrischen Tetraederstruktur beider Moleküle alle innermolekularen Dipolwirkungen aufheben.

Zwischen den beiden extremen Bindungstypen, der Ionenbindung und der unpolaren Atombindung bilden sich fließende Übergangsformen, die polaren Atombindungen aus. Die Elektronegativitätsdifferenz zweier Bindungspartner entscheidet darüber, welcher Bindungstyp vorliegt. Der Ionencharakter nimmt in Richtung Ionenbindung zu. Bei einer Elektronegativitätsdifferenz von 2,0 (2,4) ist der Ionencharakter einer Bindung zu 50% (68%) ausgeprägt.

4.4 Die metallische Bindung

Beim Aufbau eines Metallgitters trennen sich die Metallatome von ihren Valenzelektronen und stellen sie dem Gesamtgitter zur Verfügung. Auf den Gitterplätzen befinden sich ausschließlich Kationen und zwischen ihnen ein so genanntes Elektronengas. Dieses leicht bewegliche Elektronengas erklärt die hohe elektrische Leitfähigkeit der Metalle.

4.5 Konzentrationsangaben in der Chemie

Neben der Konzentrationsangabe in [%] wird in der Chemie überwiegend die Konzentrationsangabe **mol/Liter** verwendet. Ein Mol ist die in Gramm angegebene Molmasse. Man erhält sie durch Addition der Atommassen. Ein Mol einer beliebigen Substanz enthält stets die gleiche Anzahl an Molekülen: $6,022 \times 10^{23}$ (Loschmitt'sche oder Avogadro Zahl).

Beispielsrechnungen:

Schwefelsäure H_2SO_4: Molmasse: 98,082 g

Eine einmolare Schwefelsäure enthält 98,082 g reine H_2SO_4 in einem Liter wässriger Gesamtlösung. Sie ist 1,0 molar.

Eine 0,5-molare Schwefelsäure enthält 49,041 g reine H_2SO_4 in einem Liter wässriger Gesamtlösung. Sie ist 0,5 molar.

Calciumchlorid $CaCl_2$: Molmasse: 110,99 g

Eine 0,1-molare Calciumchlorid-Lösung enthält 11,099 g Calciumchlorid in einem Liter wässriger Gesamtlösung. Sie ist 0,1 molar.

4.6 Nebenvalenzbindungen

Neben den bereits genannten Hauptvalenzbindungen gibt es die Nebenvalenzbindungen mit einer weitaus geringeren Bindungsenergie (ca. < 10%) als die Hauptvalenzbindungen. Dennoch haben die Nebenvalenzbindungen eine enorme biologische und physiologische Bedeutung, denn sie sind am Aufbau und der Stabilisierung der räumlichen Strukturen von Biomolekülen beteiligt. Proteine und die Nucleinsäuren entfalten ihre biologischen Aktivitäten nur bei einer intakten räumlichen Konformation. Aber auch unterschiedliche Moleküle werden durch diese Wechselwirkungen innerhalb eines Molekülverbandes zusammengehalten.

Man unterscheidet:

- die Wasserstoffbrückenbindung
- die elektrostatischen Anziehungskräfte
- die hydrophobe Wechselwirkung
- die van-der-Waalskräfte.

Wasserstoffbrückenbindung:

$$
\begin{array}{c}
\quad\mid \\
-\,\overset{\displaystyle\mid}{\underset{\displaystyle\mid}{N}}|\; \overset{\ominus}{}\cdots\cdots \overset{\oplus}{H} - O - \\[6pt]
\end{array}
$$

$$
\begin{array}{c}
\diagdown \\
\diagup O| \;\overset{\ominus}{}\cdots\cdots \overset{\oplus}{H} - O -
\end{array}
$$

Elektrostatische Anziehung:

Sie entsteht zwischen entgegengesetzt geladenen Ionen oder Dipolen.

Hydrophobe Wechselwirkung:

Bei in Wasser gelösten Verbindungen, die in ihrem Molekül hydrophobe Bereiche aufweisen, lagern sich diese hydrophoben Anteile aneinander.

Van-der-Waals-Kräfte:

Auch zwischen unpolaren Molekülen herrschen wechselseitige, elektrostatische Anziehungskräfte. Durch kurzfristige Verlagerungen der an sich konzentrischen Ladungsverteilung von Atomkern und Elektronenhülle entstehen temporär kleine Dipole, die miteinander in Wechselwirkung treten.

5. Osmose

Löst man Salze in Wasser, so dissoziieren sie in die entsprechenden Ionen und verteilen sich homogen in der Lösung. Als geladene Teilchen umgeben sie sich mit einer dreidimensionalen Hydrathülle. Eine vollständig ausgebildete Hydrathülle findet man bei allen Ionen innerhalb der Lösung (Abb. 9).

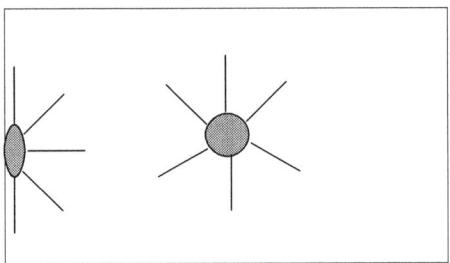

Abb. 9: Hydratisierte Ionen

An der festen Gefäßwand ist die Hydrathülle jedoch unvollständig.

Ersetzt man nun die feste Gefäßwand durch eine semipermeable Membran und taucht dieses Gefäß in reines Wasser, so werden die Anziehungskräfte der Ionen auch auf das Wasser außerhalb des semipermeablen Gefäßes wirksam (Abb. 10).

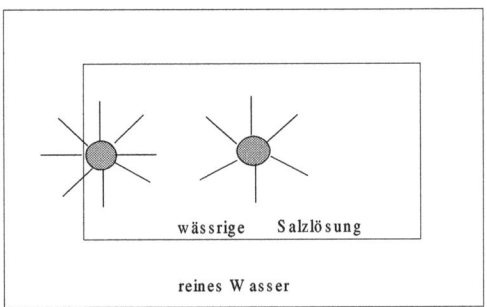

Abb. 10: Hydratisierte Ionen in einem Gefäß mit einer semipermeablen Wand.

Sie ziehen Wassermoleküle in das Innere der Salzlösung und verdünnen diese. Das Volumen der Salzlösung nimmt zu. Diesen Vorgang nennt man Osmose.

Unter **Osmose** versteht man das Hindurchwandern von Flüssigkeit infolge Diffusion durch eine halbdurchlässige (semipermeable) Trennwand, die zwei Flüssigkeiten (bzw. Lösungen unterschiedlicher Konzentrationen) trennt und nur für eine Flüssigkeit (bzw. ein Lösungsmittel), nicht aber für den gelösten Stoff durchlässig ist. So findet z. B. bei Salzwasser und reinem Wasser eine Diffusion zur konzentrierten Lösung hin statt. Infolgedessen nimmt dort die Flüssigkeitsmenge so lange zu, bis der entstehende hydrostatische Druck dem **osmotischen Druck** (Überdruck, der durch die diffundierende Flüssigkeit hervorgerufen wird) das Gleichgewicht hält. Dieser Druck kann gemessen werden. Die Osmose ist für die Stoffwechselvorgänge von großer Bedeutung, weil die äußeren Schichten vieler pflanzlicher und tierischer Zellen halbdurchlässige Membranen sind.

Der osmotische Druck kann unter Umständen sehr hohe Werte annehmen. In den Blutzellen Erythrozyten und Thrombozyten ist der osmotische Druck allerdings sehr gering.

Auch Zuckerlösungen sowie andere gelöste Stoffe sind osmotisch wirksam. Der osmotische Druck ist unter anderem abhängig von der Zahl der gelösten Teilchen. Während eine einmolare wässrige Zuckerlösung die Osmolarität 1 besitzt, beträgt die Osmolarität einer einmolaren wässrigen NaCl-Lösung 2!

Unter Anwendung eines äußeren Drucks, der größer ist als der osmotische Druck, lässt sich der Vorgang der Osmose umkehren. Die **Umkehrosmose** wird in großem Stil angewandt, um Trinkwasser zu reinigen und zur Meerwasserentsalzung. Durch großflächige semipermeable Membranen wird Salzwasser gepresst, jedoch nur die Wassermoleküle sind in der Lage, die Membran zu passieren.

6. Die chemische Reaktion

Die chemische Reaktionsgleichung beschreibt die Umsetzung zweier oder mehrerer Verbindungen zu neuen Produkten. Dabei werden bestehende Bindungen gelöst und neue geknüpft. Für eine chemische Reaktionsgleichung gilt analog zu mathematischen Gleichungen die grundsätzliche Forderung, dass die Zahl der auf der linken Seite der Gleichung stehenden Atome denen der auf der rechten Seite entsprechen muß. Damit sind auch die Stoffmengen zu beiden Seiten der Gleichung identisch (Satz von der Erhaltung der Masse). Mithilfe der Reaktionsgleichung lassen sich theoretische Ausbeuten berechnen und Massenbilanzen erstellen (**Stöchiometrie**).

Beispiele:

$$C + O_2 \rightarrow CO_2$$

12 g Kohlenstoff benötigen 32 g (22,4 Liter = Molvolumen) Sauerstoff, um zu 44 g (22,4 Liter) Kohlendioxid zu verbrennen. Ein Mol eines beliebigen Gases nimmt unter Normalbedingungen stets das Volumen von 22,4 Liter ein.

$$2\,C + O_2 \rightarrow 2\,CO$$

Aber 24 g Kohlenstoff benötigen 32 g (22,4 Liter) Sauerstoff, um zu 56 g (44,8 Liter) Kohlenmonoxid zu verbrennen.

$$HCl + NaOH \rightarrow NaCl + H_2O$$

36,5 g Salzsäure werden durch 40 g Natriumhydroxid neutralisiert. Dabei entstehen 58,5 g Kochsalz und 18 g Wasser.

$$2\,Fe_2O_3 + 3\,C \rightarrow 4\,Fe + 3\,CO_2$$

319,4 kg Eisenoxid ergeben mit 36 kg Kohlenstoff 223,4 kg reines Eisen.

$$CO_2 + H_2O \rightleftharpoons H_2CO_3$$

Kohlendioxid setzt sich mit Wasser zur Kohlensäure um. Aber nur 0,1 % des Kohlendioxid reagieren tatsächlich zur Kohlensäure. Denn 99,9% Kohlendioxid bleiben lediglich physikalisch gelöst. Die linke und die rechte Seite der Gleichung stehen miteinander im Gleichgewicht. Die überwiegende Mehrzahl aller chemischer Reaktionen sind **Gleichgewichtsreaktionen.** Sie können sowohl von links nach rechts als auch von rechts nach links verlaufen. Man kennzeichnet Gleichgewichtsreaktionen durch das Symbol eines Doppelpfeils:

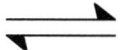

7. Das chemische Gleichgewicht

Für die allgemeine Gleichgewichtsreaktion

$$nA + mB \rightleftharpoons pC + qD$$

gilt, sofern sich der Gleichgewichtszustand eingestellt hat, dass die Hinreaktion gleich schnell verläuft wie die Rückreaktion. Es stellt sich ein dynamisches Gleichgewicht zwischen der Hin- und Rückreaktion ein. Für den Gleichgewichtszustand lässt sich das **Massenwirkungsgesetz** (MWG) formulieren:

$$\frac{C_C^p \times C_D^q}{C_A^n \times C_B^m} = K$$

Im Gleichgewichtszustand ist der Quotient aus dem Produkt der Konzentrationen der Reaktionsprodukte und dem Produkt der Konzentrationen der Ausgangsverbindungen eine Konstante K. Die Gleichgewichtskonstante K ist eine Systemkonstante. Sie ist nur von der Temperatur abhängig!

Zur Umsatzsteigerung läßt sich auf verschiedene Weise auf die Lage des Gleichgewichts Einfluß nehmen:

- über die Temperaturabhängigkeit der Gleichgewichtskonstante,

- über die Veränderung der Konzentration eines oder mehrerer Reaktionspartner,

- über die Prozessführung.

Beispiele:

1. Kesselsteinbildung durch ‚hartes Wasser':

$$Ca(HCO_3)_2 \rightleftharpoons CaCO_3 + H_2O + CO_2$$

Vermeidung der Kesselsteinbildung durch Komplexbildner!

2. Aussalzen:

$$Na^+ + Cl^- \rightleftharpoons NaCl$$

Durch die Zugabe von Chloridionen, z.B. Salzsäure fällt Kochsalz aus.

3. Ammoniak-Synthese:

$$N_2 + 3H_2 \rightleftharpoons 2NH_3$$

$$\frac{C_{NH_3}^2}{C_{N_2} \times C_{H_2}^3} = K$$

$$C_{H_2}^3 = \frac{C_{NH_3}^2}{K \times C_{N_2}}$$

Erhöht man die Konzentration des Wasserstoffs um das Zehnfache, so steigt die Ausbeute an Ammoniak um das 31,6-fache!

4. Stadtgas-Erzeugung:

$$C + H_2O \rightleftharpoons H_2 + CO$$

Bei 830°C ist die Gleichgewichtskonstante K = 1.

Das Massenwirkungsgesetz (MWG) ist ein fundamentales, universelles Naturgesetz. Es läßt sich auch auf komplexe biologische Systeme anwenden. Ein noch relativ einfaches Beispiel ist das Gleichgewicht zwischen Kohlendioxid-Erzeugern und den Kohlendioxid-Verbrauchern auf unserer Erde:

Photosynthese:

$$6\,CO_2 + 6\,H_2O \rightleftharpoons C_6H_{12}O_6 + 6\,O_2$$
Photosynthese   Atmung

Alle Konzentrationen werden stets in [mol/Liter] angegeben. Daraus ergibt sich auch von Fall zu Fall eine Dimensionsangabe für die Gleichgewichtskonstante in [mol/Liter] oder [Liter/mol].

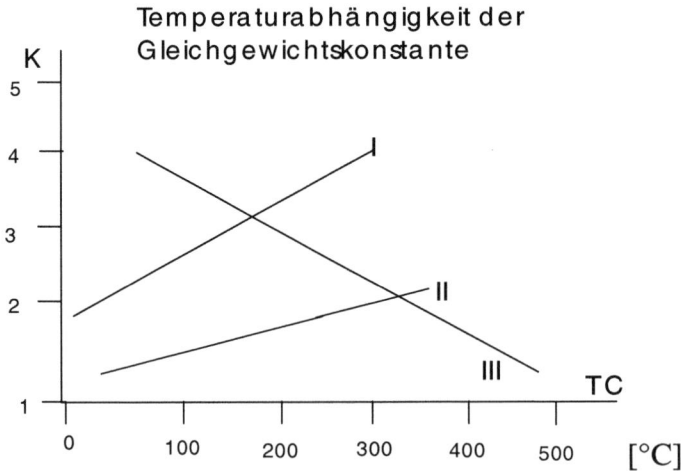

Abb. 11: Temperaturabhängigkeit der Gleichgewichtskonstante

8. Säuren - Basen

Als Säuren bezeichnet man Verbindungen, die in wässriger Lösung Protonen (Wasserstoffionen) liefern. Säuren dissoziieren in Wasser. Das Wasserstoffion reagiert mit Wasser unter starker Wärmeabgabe zu einem Hydroniumion: H_3O^+. Säuren in reinem Zustand, also wasserfreiem Zustand, sind undissoziiert. Säuren haben gemeinsame Eigenschaften. Sie ätzen oder lösen sogar Metalle auf. Saurer Regen zerstört Baudenkmäler oder beeinträchtigen das Pflanzenwachstum. Stoffwechselvorgänge sind nur innerhalb sehr enger Grenzen der Wasserstoffionenkonzentration möglich.

Säuren sind Protonendonatoren!

Basen sind Protonenakzeptoren!

Basische Verbindungen nehmen Protonen auf. Beispielsweise nimmt das OH^--Ion unter Bildung von Wasser (H_2O) ein Proton auf. Aber auch der Ammoniak NH_3 ist eine Base; er nimmt ebenfalls ein Proton auf und bildet ein positiv geladenes Ammoniumion:

$$|NH_3 + H^+ \rightarrow NH_4^+$$

Säuren und Basen ergeben in äquivalenten Mengen Salze und Wasser. Diese Reaktion nennt man Neutralisation:

$$HCl + NaOH \rightarrow NaCl + H_2O$$

oder

$$H_2SO_4 + 2\,NaOH \rightarrow Na_2SO_4 + 2\,H_2O$$

Einige wichtige Säuren:

Salzsäure	HCl
Schwefelsäure	H_2SO_4
Salpetersäure	HNO_3
Phosphorsäure	H_3PO_4
Kohlensäure	H_2CO_3

Man unterscheidet je nach der Anzahl dissoziierbarer Protonen ein- und mehrwertige Säuren. Da gerade die Konzentration der Wasserstoffionen in vielen technischen aber auch ganz besonders in biologisch-medizinischen Bereichen von außerordentlicher Bedeutung ist, führte man eine etwas modifizierte Konzentrationsangabe, die **Normalität,** ein. Während **einmolare** Säuren (1 mol/l) durchaus unterschiedliche Konzentrationen an Protonen aufweisen können, besitzen **einnormale** Säuren (1 n) stets die gleiche Wasserstoffionenkonzentration!

Normalität = Molarität/Wertigkeit

8.1 Starke und schwache Säuren

Man unterscheidet ferner zwischen **starken und schwachen** Säuren. Während die starken Säuren zumindest in verdünnter Lösung vollständig dissoziiert sind, dissoziieren die schwachen Säuren nur unvollständig. Die Ionen stehen mit der undissoziierten Säure im Gleichgewicht:

Beispiel Essigsäure:

$$CH_3COOH \rightleftharpoons CH_3COO^- + H^+$$

$$\frac{C_{CH_3COO^-} \times C_{H^+}}{C_{CH_3COOH}} = K$$

Für die Essigsäure ist der Wert der Gleichgewichtskonstante, in diesem Fall die Dissoziationskonstante, $K = 1{,}76 \times 10^{-5}$ mol/Liter.

Die Salze schwacher Säuren sind dagegen vollständig dissoziiert! In Wasser gelöste Salze schwacher Säuren haben die Eigenschaft, Protonen über das Säurerestanion abzufangen. Sie reagieren zur undissoziierten Säure. Solche Systeme nennt man **Puffersysteme**.

Im menschlichen Körper gibt es Bereiche mit unterschiedlichen Wasserstoffionenkonzentrationen, die sehr genau mit Hilfe von Puffersystemen konstant gehalten werden. Abweichungen vom Soll können zu schweren gesundheitlichen bis hin zu lebensbedrohlichen Situationen führen. Daher ist die störungsfreie Arbeitsweise der Puffersysteme von hervorragender Bedeutung. Aus Sicherheitsgründen sind in einem Organismus hierarchisch abgestuft sogar mehrere Puffersysteme im Einsatz.

Der wichtigste Puffer des Blutes ist der so genannte **Bicarbonatpuffer.** Er beruht auf der Tatsache, dass die Kohlensäure H_2CO_3 eine schwache Säure ist und zudem in zwei Stufen dissoziiert.

Weiterhin von Bedeutung ist, wie bereits erwähnt, die nur geringe Umsetzung des CO_2 mit Wasser zur Kohlensäure:

$$CO_2 + H_2O \rightleftharpoons H_2CO_3$$

Die Gleichgewichtskonstante K beträgt für diese Reaktion 10^{-3} Liter/mol. Das Kohlendioxid und damit die Kohlensäure wird durch die Atmung, also durch die Verbrennung von Kohlehydraten direkt im Körper erzeugt:

$$C_6H_{12}O_6 + 6\,O_2 \rightarrow 6\,H_2O + 6\,CO_2$$

Die Kohlensäure dissoziiert in zwei Stufen:

$$H_2CO_3 \rightleftharpoons H^+ + HCO_3^-$$
$$HCO_3^- \rightleftharpoons H^+ + CO_3^{2-}$$

Für die erste Reaktion beträgt die Gleichgewichtskonstante $K_1 = 0{,}43$ mol/Liter. Für die zweite Reaktion beträgt die Gleichgewichtskonstante $K_2 = 5{,}6 \times 10^{-11}$ mol/Liter. Das Gleichgewicht liegt für diese Reaktion also fast vollständig auf der linken Seite. Entstehen nun durch diverse Stoffwechselvorgänge im Organismus Protonen, so werden diese sofort in Hydrogencarbonat (Bicarbonat) überführt. Dieses bildet in Gegenwart weiterer Protonen Kohlensäure, die ihrerseits in Wasser und Kohlendioxid zerfällt. Das Kohlendioxid wird letztendlich über die Lungen abgeatmet.

Das Hydrogencarbonat übernimmt den Hauptanteil der Pufferung im Blut. Aber auch das Hämoglobin als schwache Säure wirkt puffernd. Weitere Puffer sind die Plasmaproteine und Phosphate.

Auch die Phosphorsäure H_3PO_4 ist eine schwache Säure. Sie dissoziiert in drei Stufen:

$$H_3PO_4 \rightleftharpoons H^+ + H_2PO_4^- \qquad K_1 = 1{,}1 \times 10^{-2}\ \text{mol/Liter}$$
$$H_2PO_4^- \rightleftharpoons H^+ + HPO_4^{2-} \qquad K_2 = 1{,}2 \times 10^{-7}\ \text{mol/Liter}$$
$$HPO_4^{2-} \rightleftharpoons H^+ + PO_4^{3-} \qquad K_3 = 1{,}8 \times 10^{-12}\ \text{mol/Liter}$$

Als anorganische Säure ist die Phosphorsäure am Aufbau der Nucleinsäuren DNS und RNS (Desoxyribonucleinsäure und Ribonucleinsäure) beteiligt.

8.2 Der pH-Wert

Die pH-Wertskala von 1 – 14 beruht auf der Tatsache, dass auch das Wasser wenn auch nur eine äußerst schwache Säure ist. Auch Wasser ist ein Protonendonator. Auch Wasser dissoziiert:

$$H_2O \rightleftharpoons H^+ + OH^-$$

Die Gleichgewichtskonstante beträgt für diese Reaktion $1,8 \times 10^{-16}$ mol/Liter.

$$\frac{C_{OH^-} \times C_{H^+}}{C_{H_2O}} = 1,8 \times 10^{-16}$$

Die OH-Ionenkonzentration entspricht in ihrem Zahlenwert der H-Ionenkonzentration.

$$\frac{C_{H^+}^2}{C_{H_2O}} = 1,8 \times 10^{-16}$$

Die Konzentration des Wassers errechnet sich zu 55,55 mol/l.

$$C_{H^+}^2 = 10^2 \times 10^{-16} = 10^{-14}$$

$$C_{H^+} = \sqrt{10^{-14}} = 10^{-7}$$

Die Wasserstoffionenkonzentration beträgt demzufolge in reinem Wasser 10^{-7} mol/l. Aus Gründen der Vereinfachung definiert man den pH-Wert als den negativen dekadischen Logarithmus der Wasserstoffionenkonzentration. Der pH-Wert des reinen Wassers beträgt 7. Saure Lösungen besitzen einen pH-Wert kleiner als 7. Alkalische Lösungen besitzen einen pH-Wert größer als 7.

Innerhalb des menschlichen Körpers gibt es Regionen mit unterschiedlichen pH-Werten. Der Magensaft hat einen pH-Wert von 2,5, der Urin von etwa 6,2 und der des Blutes von etwa 7,4.

Die Wasserstoffionenkonzentrationen bzw. der pH-Wert läßt sich leicht sowohl mithilfe von **Indikatoren** oder Indikatorpapier (Farbreaktion) als auch mit pH-Wert-Elektroden (**pH-Meter**) nachweisen und messen.

9. Redox-Vorgänge

Unter Oxidation versteht man zunächst die Reaktion eines Elements oder einer Verbindung mit Sauerstoff (O = Oxigenium). Da aber sehr viele Reaktionen nach dem gleichen Muster wie eine Oxidation ablaufen, wurde dieser Begriff erweitert. Oxidation wird nun allgemein definiert als der Entzug von Elektronen. Diese Elektronen werden von einem Reaktionspartner (dem Oxidationsmittel) aufgenommen, wobei dieser reduziert wird. Unter Reduktion versteht man die Aufnahme von Elektronen. Oxidation und Reduktion sind zwei untrennbar miteinander verbundene Begriffe, so dass man sie schon rein sprachlich zu einem Begriff, den Redox-Vorgängen, zusammenfasst. Redox-Vorgänge sind Elektronenaustauschvorgänge. Redox-Reaktionen sind ein sehr häufig vorkommender Reaktionstyp in der Chemie.

Synonyme Begriffe zur Oxidation sind: Verbrennung, Atmung, Rosten, Korrosion, Alterung.

Oxidationsmittel sind Elektronenakzeptoren.

Reduktionsmittel sind Elektronendonatoren.

Oxidationsmittel haben eine hohe Elektronenaffinität. Elemente mit dieser Eigenschaft finden sich vorzugsweise auf der rechten Seite des PSE. Es sind dies die Halogene Fluor, Chlor, Brom und Jod aber auch Sauerstoff. Sie wirken oxidierend und werden dabei selbst reduziert.

Reduktionsmittel haben eine geringe Elektronenaffinität. Sie geben vorzugsweise Elektronen ab, um die Edelgaskonfiguration zu erreichen. Elemente mit dieser Eigenschaft finden sich vorzugsweise auf der linken Seite des PSE. Es sind dies die Alkalimetalle Lithium, Natrium, Kalium, Rubidium und Cäsium aber auch ganz besonders der Wasserstoff. Sie wirken reduzierend und werden dabei selbst oxidiert. Weitere Reduktionsmittel sind die Erdalkalimetalle Beryllium, Magnesium, Calcium, Strontium und Barium.

Beispiele:

$$4\,Fe + 3\,O_2 \rightarrow 2\,Fe_2O_3$$

oder

$$Mg + Cl_2 \rightarrow MgCl_2$$

oder

$$C + O_2 \rightarrow CO_2$$

$$2\,C + O_2 \rightarrow 2\,CO$$

Im Kohlenmonoxid ist der Kohlenstoff nur unvollständig oxidiert. Kohlenmonoxid kann mit Sauerstoff noch weiter zum Kohlendioxid oxidiert werden. Kohlenmonoxid ist ein Reduktionsmittel.

Nicht nur Elemente, auch Verbindungen können sowohl Oxidations- als auch Reduktionsmittel sein. Darüber, welches von beiden vorliegt, entscheidet die **Oxidationszahl.** Die Oxidationszahl entspricht der Zahl der Elektronen, die ein Atom in einer Verbindung aufgenommen bzw. abgegeben hat. Man setzt eine Ionenbindung voraus, was natürlich nicht ganz den tatsächlichen Verhältnissen entspricht. Wasserstoff hat fast immer die Oxidationszahl +1, während Fluor immer die Oxidationszahl −1 hat. Sauerstoff hat immer die Oxidationszahl +2. In der Verbindung NaH hat der Wasserstoff ausnahmsweise die Oxidationszahl −1, weil das Natrium eine geringere Elektronegativität besitzt als der Wasserstoff. Es zeigt eine größere Bereitschaft, sich von seinem Elektron zu trennen, als der Wasserstoff.

Beispiele:

Das Element **Schwefel** hat wie alle anderen Elemente die Oxidationszahl +/-0.

Schwefel S: Schwefel hat die Oxidationszahl 0

Schwefeldioxid, SO_2:   Schwefel hat die Oxidationszahl +4

Schwefeltrioxid, SO_3:   Schwefel hat die Oxidationszahl +6

Schwefelwasserstoff, H_2S: Schwefel hat die Oxidationszahl -2

Schwefelsäure, H_2SO_4:   Schwefel hat die Oxidationszahl +6

Das Element **Eisen** Fe hat je nach Verbindung die Oxidationszahlen: 0, +2 und +3.

Das Element **Chlor** Cl hat je nach Verbindung die Oxidationszahlen: -1, +1, +3, +5 und +7.

Das Element **Stickstoff** N hat wie alle anderen Elemente die Oxidationszahl +/-0.

Stickstoff, N: Stickstoff hat die Oxidationszahl 0

Stickstoffdioxid, NO_2:   Stickstoff hat die Oxidationszahl +4

Di-Stickstoffoxid, N_2O: Stickstoff hat die Oxidationszahl +1

Di-Stickstofftrioxid, N_2O_3:   Stickstoff hat die Oxidationszahl +3

Di-Stickstoffpentoxid, N_2O_5: Stickstoff hat die Oxidationszahl +5

Ammoniak, NH_3:   Stickstoff hat die Oxidationszahl -3

Salpetersäure, HNO_3:   Stickstoff hat die Oxidationszahl +5

Das Element **Kohlenstoff** C hat wie alle anderen Elemente die Oxidationszahl +/-0.

Kohlenstoff, C: Kohlenstoff hat die Oxidationszahl 0

Methan, CH_4: Kohlenstoff hat die Oxidationszahl −4

Kohlenmonoxid, CO: Kohlenstoff hat die Oxidationszahl +2

Kohlendioxid, CO_2: Kohlenstoff hat die Oxidationszahl +4

Methantetrachlorid, CCl_4: Kohlenstoff hat die Oxidationszahl +4

Die Oxidationszahl schreibt man **mit** Vorzeichen über das jeweilige Element:

$$\overset{-4}{C}H_4 + 2\,\overset{0}{O_2} \longrightarrow \overset{+4}{C}O_2 + 2\,H_2\overset{-2}{O}$$

Wohl einer der bedeutendsten großtechnischen Prozesse ist die Reduktion des Eisenerz Fe_2O_3 zu metallischem Eisen im Hochofen. Dem Verfahren liegen die folgenden Reaktionsgleichungen zugrunde:

$$2\,C + O_2 \longrightarrow 2\,\overset{-2}{C}O$$

$$3\,\overset{-2}{C}O + \overset{+3}{Fe_2}O_3 \longrightarrow 2\,\overset{0}{Fe} + 3\,\overset{+4}{C}O_2$$

Der Hochofen wird von oben abwechselnd mit Kohle und Eisenerz oder Eisenschrott beschickt. Unten wird das geschmolzene Eisen abgezogen und weiter zu Stahl verarbeitet. Der ganze Prozeß verläuft kontinuierlich. Schrott läßt sich auf diese einfache Weise wieder aufarbeiten.

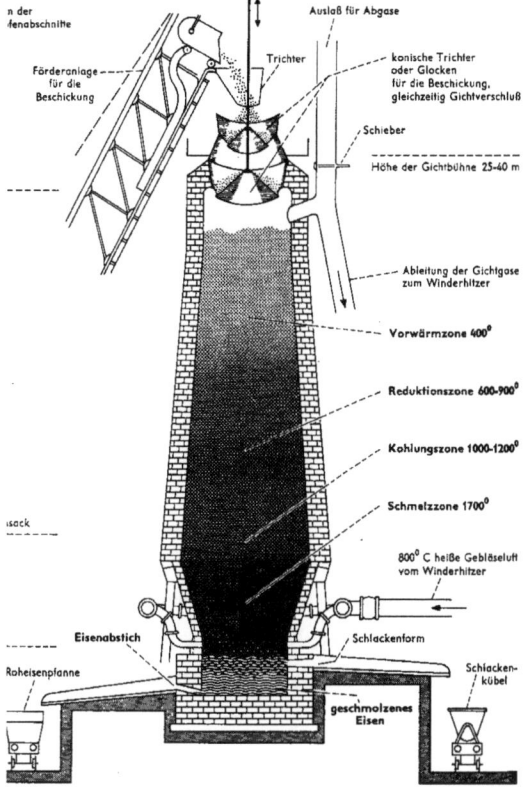

Schema eines Hochofens für die Eisenverhüttung

Abb. 12: Arbeitsweise eines Hochofens

Aluminium ist ebenfalls ein sehr beliebter und häufig verwendeter metallischer Werkstoff. Auch Aluminium korrodiert:

$$4\,Al\ +\ 3\,O_2\ \rightarrow\ 2\,Al_2O_3$$

Im Gegensatz zum Eisenoxid haftet die Aluminiumoxidschicht sehr fest auf dem metallischen Untergrund. Das Aluminium wird durch die Oxidschicht passiviert und auf diese Weise vor weiterem Angriff durch den Sauerstoff geschützt. Aluminium benötigt keinen

Korrosionsschutz. Ein sehr wirkungsvoller Korrosionsschutz für Eisen ist das Verzinken oder Phosphatieren oder eine Kombination von beiden Verfahren.

Sehr starke Oxidationsmittel sind beispielsweise Fluor (F), aber auch Perchlorate (ClO_4^-), Nitrate (NO_3^-) und das Kaliumpermanganat ($KMnO_4$). Eine Besonderheit stellt das Ammonnitrat dar. Es ist ein kristallines Salz, dass sich ausschließlich aus Gasatomen aufbaut. Zudem ist in ihm der Stickstoff in zwei unterschiedlichen Oxidationsstufen vereint:

$$\overset{-3}{N}H_4\overset{+5}{N}O_3$$

Die Oxidationskraft bzw. die Reduktionskraft einer Verbindung läßt sich exakt messen, man spricht vom Redoxpotential.

9.1 Elektrochemie:

Da Redox-Prozesse generell Elektronentransfervorgänge sind, lassen sich auch mit Hilfe des elektrischen Gleichstroms solche Elektronentransfervorgänge erzwingen. Man kann mit ihm sowohl oxidieren als auch reduzieren:

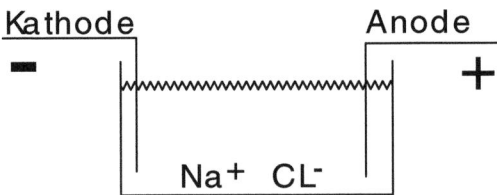

Abb. 13: Elektrolytische Zelle

An der positiv geladenen Elektrode, der Anode, werden Elektronen entzogen; sie wirkt oxidierend. Man spricht von einer anodischen Oxidation.

An der negativ geladenen Elektrode, der Kathode, werden Elektronen angeboten; sie wirkt reduzierend. Man spricht von einer kathodischen Reduktion.

Tauchen zwei Elektroden in eine wässrige NaCl-Lösung, so wird an der Anode das Chloridion zu gasförmigem Chlor oxidiert. An der Kathode wird das Natriumion zu metallischem Natrium reduziert.

$$2\ Cl^- - 2e \rightarrow Cl_2$$

$$Na^+ + e \rightarrow Na$$

Natrium reagiert mit Wasser jedoch sofort zu Natriumhydroxid und Wasserstoff:

$$Na + H_2O \rightarrow NaOH + H\uparrow$$

An der Kathode entsteht naszierender Wasserstoff. Um dennoch metallisches Natrium zu erzeugen, muß Wasser ausgeschlossen werden. Man gewinnt metallisches Natrium in der Schmelzelektrolyse. Auch metallisches Aluminium wird aus der Schmelze elektrolytisch hergestellt. Kupfer wird durch anodische Oxidation gereinigt und an der Kathode abgeschieden.

Durch eine Umkehrung der Elektrolyse läßt sich elektrischer Gleichstrom gewinnen. Man nutzt die unterschiedliche Bereitschaft der Metalle, in Lösung zu gehen und dabei Elektronen abzugeben (elektrische Spannungsreihe). Schaltet man geeignete elektrolytische Zellen zusammen, so fließt zwischen diesen ein elektrischer Gleichstrom. Chemische Energie wird direkt in elektrische Energie umgewandelt (Batterie).

Ein solches Beispiel ist der Blei-Akkumulator oder Blei-Akku:

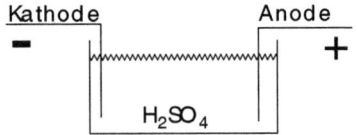

ungeladen: Anode und Kathode $PbSO_4$
geladen: Anode: PbO_2
Kathode: Pb

Stromlieferung:

Kathode: $Pb \longrightarrow PbSO_4 + 2e$

Anode: $PbO_2 + 2e \longrightarrow PbSO_4$

Summenformel:

$$Pb + PbO_2 + 2\,H_2\,SO_4 \underset{\text{Laden}}{\overset{\text{Entladen}}{\rightleftharpoons}} 2\,PbSO_4 + 2\,H_2O$$

Bei der Stromlieferung (Entladung) wird Schwefelsäure verbraucht. die Dichte nimmt ab! 25%ige Schwefelsäure hat eine Dichte von 1,18. Die Dichte der Schwefelsäure informiert über den Ladungszustand des Bleiakkus. Man ermittelt sie durch Spindeln.

9.2 Die Brennstoffzelle:

Die Wirkungsweise der Brennstoffzelle beruht auf dem Prinzip der kalten, kontrollierten Verbrennung von Wasserstoff und Sauerstoff zu Wasser:

$$2\,H_2 + O_2 \rightarrow 2\,H_2O$$

Eine Brennstoffzelle besteht aus vielen einzelnen Brennstoff-zellenmodulen, dem Brennstoffzellenstapel. Jede Zelle besteht aus zwei gitterartigen Elektroden, die durch eine Membran aus Kunststoff oder einem Keramikmaterial voneinander getrennt sind. Jeweils rechts bzw. links dieser Trennwand strömt Wasserstoff bzw. Sauerstoff über die Elektroden. An der Kathode steht der Wasserstoff mit seinen Ionen in einem chemischen Gleichgewicht:

$$H_2 \rightleftharpoons 2\,H^+ + 2e$$

An der Anode steht der Sauerstoff mit seinen Ionen in einem chemischen Gleichgewicht:

$$O_2 + 4e \rightleftharpoons 2\,O^{2-}$$

Verbindet man beide Elektroden, so fließen die Elektronen von der Kathode zur Anode. Die Trennmembran ist für Protonen nicht aber für den Wasserstoff durchlässig. Protonen und Sauerstoffionen verbinden sich zu Wasser.

Bei der Stromlieferung entsteht aber auch Abwärme. Sie kann in Blockheizkraftwerken (BHKW) bestehend aus Brennstoffzellen jedoch genutzt werden. Der Wirkungsgrad dieses Systems ist außerordentlich hoch. Er liegt bei nahezu 90 %!

10. Energieumsatz

Alle chemischen Reaktionen sind mit einem Energieumsatz verbunden. Man unterscheidet grundsätzlich zwei Typen:

Exotherme (exergonische) Reaktionen setzen Energie frei.

Endotherme (endergonische) Reaktionen nehmen Energie auf.

Obwohl die Mehrzahl der chemischen Reaktionen mit einer Wärmetönung ablaufen, sind doch durchaus auch andere Energieformen wie z.B. elektrische Energie oder Lichtenergie beteiligt. Die Energiewirtschaft verwendet eine Reihe chemischer Substanzen, um die in ihnen gespeicherte chemische Energie exotherm in Wärmeenergie, in Zukunft vielleicht auch direkt in elektrische Energie, umzuwandeln:

$$C + O_2 \rightarrow CO_2 \qquad\qquad -94 \text{ kcal/mol}$$

$$CH_4 + 2\,O_2 \rightarrow CO_2 + H_2O \qquad -210{,}8 \text{ kcal/mol}$$

Für einige Verbindungen sind in Tabellenbüchern die **Verbrennungswärmen** aufgelistet:

CH_4:	-210,8 kcal/mol	= -15,1 kcal/g
C_2H_6:	-368 kcal/mol	= -12,3kcal/g
C_3H_8:	-526 kcal/mol	= -12 kcal/g
H_2:	-68,3 kcal/mol	= -34,2 kcal/g

Experimentell werden die Verbrennungswärmen im Kalorimeter bestimmt.

Eine sehr interessante Alternative zur Verbrennung von Kohle ist die Verbrennung von Silizium (Si):

$$Si + O_2 \rightarrow SiO_2 \qquad -364 \text{ kcal/mol}$$

In der Photosynthese wird die Energie des Sonnenlichts in chemische Energie umgewandelt. Dieser Prozeß verläuft endergonisch:

$$6\,CO_2 + 6H_2O \rightarrow C_6H_{12}O_6 + 6\,O_2 + \text{Energie}$$

Auch der photographische Prozeß ist eine endergonische Reaktion. Das Licht spaltet die Silberhalogenidbindung unter Bildung von metallischem Silber:

$$2\,AgI + h \times \nu \rightarrow 2\,Ag + I_2$$

Auch bei der Oxidation von Stickstoff wird wegen dessen Reaktionsträgheit Energie aufgenommen. Die Reaktionsprodukte sind energiereicher als die Ausgangsprodukte:

$$2\,N_2 + 3\,O_2 \rightarrow 2\,N_2O_3 + \text{Energie}$$

Energieliefernde, also exergonische Prozesse sind in der Regel die Oxidationen. Auch die Atmung ist eine Oxidation, wobei Kohlenhydrate zu CO_2 und Wasser verbrannt werden. Der chemische Energiespeicher der Säugetiere ist das Glycogen, der der Pflanzen ist die Stärke. Andere Energiespeicher der Säugetiere sind die Fette und die allerdings nur wenig effizienten Proteine.

Der zweite Hauptsatz der Thermodynamik besagt, dass Energie nur in einem Energiegefälle genutzt werden kann. Demzufolge müßten alle exothermen Reaktionen unter Energieabgabe spontan ablaufen, denn die Reaktionsprodukte sind energieärmer als die Ausgangsverbindungen. Erfahrungen und Beobachtungen widerlegen jedoch diese Schlußfolgerung. Selbst die Knallgasreaktion verläuft nicht spontan. Verantworlich für diese Hemmung, die das Leben auf unserem Planeten überhaupt erst möglich macht, ist die **Aktivierungsenergie**.

Die allgemeine Reaktion der Ausgangsverbindung A zum Raktionsprodukt B verläuft exotherm. Die Komponente B ist reaktionsärmer als die Komponente B. Damit A zu B reagiert, muß A zunächst zu A* aktiviert werden. A* ist energiereicher als A. Erst in diesem angeregten Zustand ist A in der Lage, spontan unter Energieabgabe zu B zu reagieren. Diese Energiebarriere heißt Aktivierungsenergie (Abb. 14):

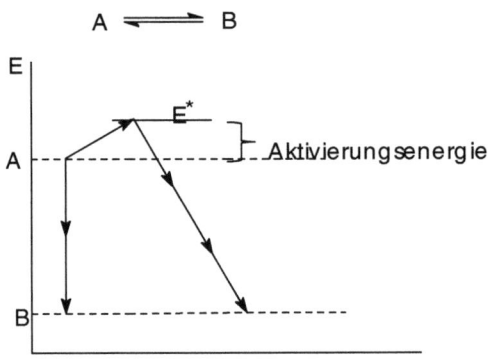

Abb. 14: Energieschema

Sie kann durch die Gegenwart von **Katalysatoren** gesenkt oder ganz aufgehoben werden. Die unterschiedlichsten Substanzen können katalytische Wirkung zeigen: Metalle, insbesondere die Edelmetalle Platin und Palladium, Metalloxide, Ionen, Protonen, Keramik-Materialien, Enzyme (Biokatalysatoren). Man unterscheidet die homogene und die heterogene Katalyse. Ein Katalysator beteiligt sich nicht am Stoffumsatz. Er geht unbeschadet aus dem Reaktions-geschehen hervor, er wird nicht verbraucht. Er beschleunigt lediglich die Gleichgewichtseinstellung, ohne dabei die Lage des chemischen Gleichgewichts zu verschieben. Er erniedrigt den Betrag der Aktivierungsenergie. Unter einer Vielzahl möglicher Parallel-reaktionen vermag er, sich für eine zu entscheiden. Unerwünschte Nebenreaktionen werden unterdrückt.

Für die Polymerchemie haben die **Initiatoren** (Starter) eine große Bedeutung. Im Gegensatz zu den Katalysatoren werden sie im Verlauf des Reaktionbsgeschehens verbraucht! Sie werden in das Polymer eingebaut.

Es gibt aber auch endotherme Reaktionen, die spontan, also freiwillig verlaufen, z. B. das Verdunsten einer Flüssigkeit, das Lösen eines Salzes. Sie folgen dem Prinzip der Zunahme an **Entropie**. Die Entropie ist ein Maß für die Unordnung eines Systems. Das Verdunsten einer Flüssigkeit oder das Lösen eines Salzes in Wasser ist gleichbedeutend mit einer Zunahme an Unordnung, mit einer Entropiezunahme. Generell steigt die Entropie vom festen über den flüssigen zum gasförmigen Zustand an. Am absoluten Nullpunkt, also bei $-273\,°C$ oder $0°$ Kelvin ist die Entropie eines Körpers gleich Null.

11. Reaktionskinetik

Die Reaktionskinetik befasst sich mit der Geschwindigkeit, mit der chemische Reaktionen ablaufen. Die Reaktionsgeschwindigkeit r ist definiert als die zeitliche Änderung einer der an der Reaktion beteiligten Komponenten. Für die allgemeine Reaktion:

$$A + B \rightleftharpoons C + D$$

gilt für die Reaktionsgeschwindigkeit r beispielsweise:

$$r = -dC_A/dt = k \cdot C_A$$

oder:

$$r = dC_c/dt = k \cdot C_c$$

Die Reaktionsgeschwindigkeit r ist proportional der Konzentration C der gewählten Komponente. Der Proportionalitätsfaktor ist die Geschwindigkeitskonstante k. Sie ist unabhängig von der Konzentration der gewählten Komponente. Sie ist nur abhängig von der Temperatur.

Der Quotient aus der Geschwindigkeitskonstante k_1 der Hinreaktion und der Geschwindigkeitskonstante k_2 der Rückreaktion entspricht der Gleichgewichtskonstante K:

$$K = k_2/k_1$$

Nicht jede chemische Reaktion verläuft exakt so, wie es durch die Reaktionsgleichung angegeben wird. Häufig ereignen sich Parallel- oder Konkurrenzreaktionen und Folgereaktionen. Umfassende Untersuchungen zur Reaktionskinetik liefern Informationen über einen unerwünschten Reaktionsverlauf.

Beispiel:

$$2 \; CH_2 = CH_2 + O_2 \longrightarrow 2 \; \underset{\diagdown \; O \; \diagup}{CH_2 - CH_2}$$

$$CH_2 = CH_2 + 3 \; O_2 \longrightarrow 2 \; CO_2 + 2 \; H_2O$$

$$2 \; \underset{\diagdown \; O \; \diagup}{CH_2 - CH_2} + H_2O \longrightarrow \underset{OH \quad OH}{CH_2 - CH_2}$$

Aus Ethylen soll mit Hilfe des Sauerstoffs Ethylenoxid entstehen. Als Parallelreaktion wird das Ethylen mit Sauerstoff zu Wasser und Kohlendioxid verbrannt. Als Folgereaktion setzt sich das Wunschprodukt Ethylenoxid mit Wasser zum Ethylenglycol um.

12. Organische Chemie

Die ursprüngliche Annahme, dass organische Substanzen ausschließlich nur innerhalb des Stoffwechsels von lebenden Organismen entstehen können, wurde 1828 durch den Chemiker *Wöhler* durch die Synthese von Harnstoff aus den anorganischen Ausgangssubstanzen Ammoniak und Kohlendioxid widerlegt. Auch das Gas Acetylen läßt sich aus den anorganischen Ausgangssubstanzen Calciumcarbid und Wasser herstellen. Dennoch wird die überwiegende Mehrzahl organischer Verbindungen noch heute aus der Natur bezogen. In der modernen Biotechnologie nutzt man bewußt die exakt stereospezifische Syntheseleistung genveränderter Mikroorganismen, um hoch spezifische und komplizierte Substanzen herzustellen. Korrekter spricht man heute aber von der **Kohlenwasserstoffchemie**.

Nur wenige Atome beteiligen sich am Aufbau organischer Verbindungen. Das zentrale Atom ist der Kohlenstoff. Ferner sind am Aufbau hauptsächlich die Elemente H, O, N, S, P, (Cl, F, J, Br) beteiligt.

Als Element der vierten Hauptgruppe besitzt der Kohlenstoff vier Elektronen in der zweiten Schale: $2s^2$ und $2p^2$. Der Kohlenstoff ist somit vierwertig. Die vier Außenelektronen des Kohlenstoff sind jedoch energetisch nicht gleichberechtigt. Dennoch beweisen Experimente, dass alle Bindungen, die vom Kohlenstoffatom ausgehen, die gleiche Bindungsenergie besitzen. Eine energetische Gleichstellung aller vier Bindungselektronen wird durch eine so genannte **Hybridisierung** erreicht. Die vier Außenelektronen vermischen sich zu drei verschiedenen Hybridformen, dem sp^3-Hybrid, dem sp^2-Hybrid und dem sp-Hybrid. Während beim sp^3-Hybrid alle vier Elektronen beteiligt sind, beteiligen sich beim sp^2-Hybrid nur drei und beim sp-Hybrid nur zwei Elektronen.

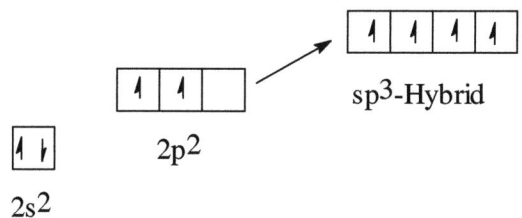

Abb. 15: sp³-Hybrid

Die vier Bindungselektronen des sp³-Hybrid bilden einen Tetraeder. Die Bindung erfolgt durch Überlappung der Atomorbitale des Bindungspartners. Es liegen polare Atombindungen vor. Auch innerhalb des Diamanten sind die einzelnen Kohlenstoffatome über sp³-Hybride miteinander verbunden. Durch die räumliche Struktur des sp³-Hibrids erklärt sich die Härte des Diamanten.

Die enorme Vielzahl und Varianz der organischen Verbindungen wird trotz der vergleichsweise geringen Zahl beteiligter Elemente dadurch erreicht, dass der Kohlenstoff mit sich selbst lange lineare oder verzweigte Ketten aber auch Ringstrukturen bildet.

Die einfachsten organischen Verbindungen sind die reinen Kohlenwasserstoffe. Nur Kohlenstoff und Wasserstoff sind am Aufbau dieser Substanzen beteiligt. Dennoch gibt es zahllose Vertreter innerhalb dieser Verbindungen.

12.1 Alkane oder Paraffine:

Sie gehören zur Gruppe der Aliphaten und sind ‚gesättigte‘ Kohlenwasserstoffe. Der ausschließlich vorliegende Bindungstyp ist das sp^3-Hybrid (σ-Bindung). Die räumliche Struktur ist ein Tetraeder. Die Bindungsachse ist frei drehbar. Die Summenformel der linearen und verzweigten Verbindungen ist stets C_nH_{2n+2}, wobei n der Zahl der Kohlenstoffatome entspricht. Ab einer Kohlenstoffzahl von 4 tritt **Isomerie** auf, d.h. bei identischer Summenformel sind mehrere verzweigte Strukturen möglich.

Beispiele:

                iso-Octan   (2,2,4-Trimethylpentan)

oder

              n-Butan   Kp.: + 0,5°C
              i-Butan   Kp.: - 11,7°C

Cyclische Verbindungen - Cycloaliphaten: (Summenformel C_nH_{2n})

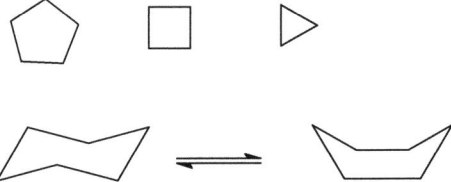

Abb. 16: Cyclopentan, Cyclobutan, Cyclopropan, Cyclohexan

Die gesättigten Kohlenwasserstoffe werden durch fraktionierte Destillation aus Erdöl gewonnen. Methan entsteht auch in anaeroben Stoffwechselprozessen: Reisanbau, Kuhmägen, Faultürmen. In Form von Methanhydraten (‚brennendes Eis‘) übertrifft der Energielieferant Methan mengenmäßig bei weitem alle anderen fossilen Energieträger. Methanhydrate sind nur bei großer Kälte (Nordmeer) oder unter Druck (Tiefsee ca. 800 m) beständig. Unter normalen Bedingungen zerfällt das Methanhydrat in gasförmiges Methan und Wasser.

Chemisch, biologisch und physiologisch ist diese Substanzklasse recht unbedeutend, denn sie gelten als wenig reaktionsfreudig. Gesättigte Fettsäuren sind biologisch schwer abbaubar. Es gibt auch kaum Enzyme, die eine C-C-Bindung spalten können. In der Technik dienen sie hauptsächlich als Energielieferanten: Erdgas, Kraftstoffe, Öle, Wachse (Paraffine). Polyethylen ist ein Alkan mit mehreren hunderttausend bis mehreren Millionen Kohlenstoffatomen.

12.2 Alkene oder Olefine:

Sie gehören ebenfalls zur Gruppe der Aliphaten und sind ‚ungesättigte' Kohlenwasserstoffe, denn sie haben im Molekül wenigstens eine Doppelbindung. Der in einer Doppelbindung vorkommende Bindungstyp ist das sp^2-Hybrid:

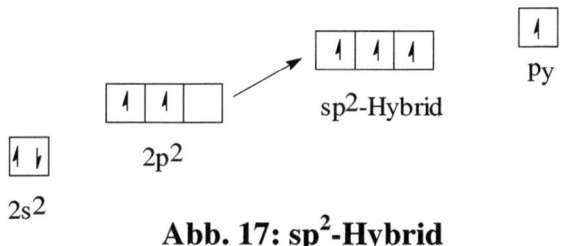

Abb. 17: sp^2-Hybrid

Die planare Struktur des sp^2-Hybrid ist ein gleichseitiges Dreieck. Das nicht-hybridisierte $2p_y$-Orbital steht senkrecht auf dem Zentrum dieses gleichseitigen Dreiecks (σ- und π-Bindung). Auch innerhalb des Graphits sind die einzelnen Kohlenstoffatome über sp^2-Hybride miteinander verbunden.

Bindungsenergien:	σ-Bindung	= -350 kJ/mol
	π-Bindung	= -260 kJ/mol
	σ + π-Bindung	= -610 kJ/mol

Die Bindungsachse ist nicht mehr frei drehbar. Die Summenformel der linearen und verzweigten Verbindungen ist stets C_nH_{2n} , wobei n der Zahl der Kohlenstoffatome entspricht, vorausgesetzt, die

Verbindung hat nur eine Doppelbindung. Ab einer Kohlenstoffzahl von 4 tritt auch bei den Alkenen **Isomerie** auf.

Das einfachste Alken ist das Ethen (Ethylen):

$$H_2C = CH_2$$

Es ist eine so genannte Schlüsselchemikalie, aus Ethylen oder Ethen lassen sich für die Technik sehr wichtige Folgeprodukte synthetisieren: Polymere, Ethylenoxid, Frostschutzmittel u.a.

Besitzt ein längerkettiges Alken mehrere Doppelbindungen so unterscheidet man isolierte, kumulierte und konjugierte Doppelbindungen. Verbindungen mit mehreren konjugierten Doppelbindungen sind farbig. Solche Systeme treten mit dem Licht in Wechselwirkung.

Die Alkene sind reaktionsfreudiger als die Alkane. Sie haben daher eine hohe chemische, biologische und physiologische Bedeutung (z.B. ungesättigte Fettsäuren).

Ein Sonderfall ist die cyclische Verbindung *Benzol:*

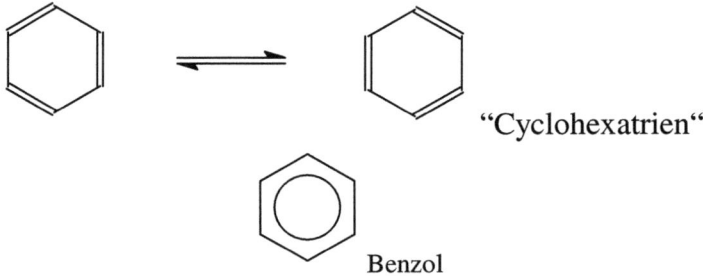

"Cyclohexatrien"

Benzol

Benzol ist kein Aliphat, Benzol und dessen Derivate sind Aromate. Verbindungen, die einen Benzolring enthalten, nennt man Aromate.

Auch die ungesättigten Kohlenwasserstoffe werden durch fraktionierte Destillation aus dem Erdöl gewonnen. Um ihren Anteil zu erhöhen, wendet man das Verfahren der dehydrierenden Crackung an. Dabei entsteht Wasserstoff als Nebenprodukt.

Dehydrierende Crackung:

$$CH_3 - CH_2 - CH_3 \rightarrow CH_2 = CH - CH_3 + H_2$$

In einem längerkettigen Kohlenwasserstoff können aber auch mehrere Doppelbindungen auftreten. Von besonderem Interesse sind die so genannten alternierenden Doppelbindungen, d. h. Einfach- und Doppelbindungen lösen einander ab:

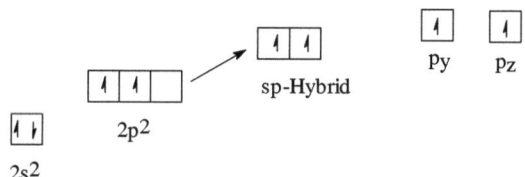

Solche alternierenden Doppelbindungen treten mit dem Licht in Wechselwirkung. Sie absorbieren ein Teil der Energie des Lichtes und werden so zu Farbstoffen. β-Carotin und Vitamin A sind Naturstoffe mit alternierenden Doppelbindungen. Sie sind orange gefärbt und sind die Farbstoffe der Karotte und der Tomate.

12.3 Alkine (Acetylene)

Sie gehören ebenfalls zur Gruppe der Aliphaten und sind ‚ungesättigte' Kohlenwasserstoffe, denn sie haben im Molekül wenigstens eine Dreifachbindung. Der in einer Dreifachbindung vorkommende Bindungstyp ist das sp-Hybrid:

| p_y | p_z |

| ↑ | ↑ | sp-Hybrid

| ↑ | ↑ | ↑ | $2p^2$

| ↑↓ | $2s^2$

Abb. 18: sp –Hybrid

Die Struktur des sp-Hybrid ist ein Gerade. Die beiden nicht-hybridisierten 2p-Orbitale stehen senkrecht auf dem Mittelpunkt dieser Geraden (σ- und 2 π-Bindungen). Die Bindungsachse ist nicht mehr frei drehbar. Die Summenformel der linearen und verzweigten

Verbindungen ist stets C_nH_{2n-2}, wobei n der Zahl der Kohlenstoffatome entspricht, vorausgesetzt, die Verbindung hat nur eine Dreifachbindung. Ab einer Kohlenstoffzahl von 4 tritt auch bei den Alkinen **Isomerie** auf.

Das einfachste Alkin ist das Ethin C_2H_2 (Acetylen):

$$HC \equiv CH$$

Alkine sind äußerst reaktionsfreudig. Historische Bedeutung hatte einst das Herstellungsverfahren aus Calciumcarbid:

$$CaO + 3\,C \rightarrow CaC_2 + CO \quad + 111{,}4\,kcal/mol$$

Calciumcarbid entsteht im elektrische Lichtbogen bei 2200 –2300°C. Die Reaktion ist endotherm.

$$CaC_2 + H_2O \rightarrow C_2H_2 + CaO$$

$$2\,C_2H_2 + 5\,O_2 \rightarrow 4\,CO_2 + 2\,H_2O$$

Acetylen galt lange Zeit als chemischer Energiespeicher, als man noch nicht in der Lage war, den elektrischen Strom über weite Entfernungen zu transportieren. Heute verwendet man Ethin hauptsächlich zum Schweißen und zur Herstellung von Vinylchlorid:

$$C_2H_2 + HCl \rightarrow CH_2 = CHCl$$

Auch die Alkine werden durch fraktionierte Destillation aus dem Erdöl gewonnen. Um ihren Anteil zu erhöhen, wendet man das Verfahren der dehydrierenden Crackung an. Dabei entsteht Wasserstoff als Nebenprodukt.

12.4 Halogene als zusätzliches Heteroatom

Ersetzt man in den reinen Kohlenwasserstoffen ein oder mehrere Wasserstoffatome durch Halogene, so erhält man die halogenierten Kohlenwasserstoffe. Innerhalb dieser Gruppe nehmen die Fluor-Chlor-Kohlenwasserstoffe (FCKW) eine Sonderstellung ein. Wegen ihrer schweren biologischen Abbaubarkeit sind sie trotz vielfacher Vorteile als Kältemittel, wie auch deren sicherer Umgang weil nicht feuergefährlich, in Verruf geraten. Einige Vertreter sind sehr giftig, wie z. B. das DDT:

Andere Fluor-Chlor-Kohlenwasserstoffe sind in der modernen Medizin als Anästhetika unverzichtbar (Chloroform, Halothan). Das „weiße Blut" als Blutersatzstoff ist eine wässrige Emulsion eines perfluorierten Kohlenwasserstoffs. Wegen zahlreicher Risiken wurde ihm bisher die allgemeine Zulassung verweigert.

Im Schilddrüsenhormon L-Thyroxin sind vier Jodatome gebunden.

Das leicht verflüssigbare Methylchlorid (CH_3Cl) dient als lokales Vereisungsmittel zur Behandlung kleiner Wunden.

13. Kohlenwasserstoffe mit Sauerstoff als Heteroatom

13.1 Alkohole

Formal sind die Alkohole die Oxidationsprodukte der Alkane. Die funktionelle Gruppe aller Alkohole ist die OH-Gruppe:

$$R - OH$$

wobei R einen beliebigen organischen Rest darstellt.

Während die Oxidationsstufe des Kohlenstoffs in den Alkanen stets -4 beträgt, beträgt sie in der alkoholischen Gruppe –2. Man unterscheidet primäre, sekundäre und tertiäre Alkohole. Mehrwertige Alkohole besitzen mehr als eine Alkoholgruppe im Molekül.

Der einfachste **primäre** Alkohol ist das Methanol:

$$CH_3OH$$

Es entsteht durch katalytische Oxidation des Methan:

$$2\,CH_4 + O_2 \rightarrow 2\,CH_3OH$$

Die Konkurrenzreaktion zur katalytischen Oxidation des Methan ist die Verbrennung des Methan:

$$CH_4 + 2\,O_2 \rightarrow CO_2 + 2\,H_2O$$

Bei primären Alkoholen steht die Alkoholgruppe immer am Ende der Wasserstoffkette. Der so genannte Trinkalkohol ist das Ethanol:

$$CH_3 - CH_2OH$$

Er wird durch alkoholische Gärung in Gegenwart von Hefezellen aus zuckerhaltigen Früchten gewonnen:

$$C_6H_{12}O_6 \rightarrow 2\,CH_3 - CH_2OH + 2\,CO_2\uparrow$$

Der Mechanismus der Substrathemmung an den beteiligten Enzymen sorgt dafür, dass die Alkoholbildung nach einer Konzentration von ca. 18 % blockiert wird. Höhere Alkoholkonzentrationen würden die Hefezellen irreversibel schädigen.

Der einfachste **sekundäre** Alkohol ist das iso-Propanol (oder 2-Propanol:

$$CH_3 - CH - CH_3$$
$$|$$
$$OH$$

Die Alkoholgruppe der sekundären Alkohole ist stets mittelständig.

Der einfachste **tertiäre** Alkohol ist das 2Methyl-Propan-2ol:

$$CH_3$$
$$|$$
$$CH_3 - C - CH_3$$
$$|$$
$$OH$$

Die Alkoholgruppe der tertiären Alkohole geht stets von einem verzweigten Kohlenstoffatom aus.

Physiologisch bedeutsame Alkohole sind Ethanol, Glycerin, Zucker und andere Kohlenhydrate. Glycerin, korrekter Glycerol, ist ein dreiwertiger Alkohol. Es besitzt eine sekundäre und zwei primäre Alkoholgruppen. Glycerin ist Bestandteil der Fette.

13.2 Ether

Formal sind die Ether Derivate des Wassers, in dem die Wasserstoffatome durch Alkylreste ersetzt sind:

$$R - O - R'$$

Die beiden organischen Reste R und R' können entweder gleich sein oder sich unterscheiden.

Bei einem Siedepunktsvergleich der Verbindungen Wasser, Methanol und Dimethylether fällt auf, dass trotz der Zunahme an Molmasse die Siedepunkte sinken:

	Molmasse	Siedepunkt
Wasser	18	100°C
Methanol	32	65°C
Dimethylether	46	-15°C

Der Grund liegt in der Auflösung der Wasserstoffbrückenbindungen. Vom Wasser gehen zwei, vom Methanol geht nur eine, vom Dimethylether gehen keine Wasserstoffbrückenbindungen aus.

Neben den linearen Ethern gibt es auch noch cyclische Ether. Bei ihnen ist in den Ring ein Sauerstoffatom mit eingebaut:

Furan   Ethylenoxid

Ether sind im allgemeinen sehr feuergefährlich und neigen durch innermolekulare Peroxidbildung zur Explosion.

13.3 Aldehyde

Aldehyde sind die Oxidationsprodukte der primären Alkohole:

$$2\ CH_3OH\ +\ O_2\ \rightarrow\ 2\ HCHO\ +\ 2\ H_2O$$

Ihre Oxidationsstufe ist 0. Die funktionelle Gruppe der Aldehyde ist:

$$R - CH = O$$

Mehrwertige Aldehyde besitzen mehr als eine Aldehydgruppe.

Der einfachste Aldehyd heißt Methanal oder Formaldehyd:

$$H - CH = O$$

Formaldehyd wirkt sterilisierend und ist cancerogen! Die wässrige Lösung von Formaldehyd nennt man Formalin. Formalin wird vielfach in der Pathologie zur Aufbewahrung von Gewebepräparaten verwendet. Auch in den Kohlenhydrate kommen Aldehyd-gruppierungen vor.

13.4 Ketone

Ketone sind die Oxidationsprodukte der sekundären Alkohole:

$$2\ (CH_3)_2CH\text{-}OH\ +\ O_2\ \rightarrow\ 2\ (CH_3)_2C = O\ +\ 2\ H_2O$$

Ihre Oxidationsstufe ist 0. Die funktionelle Gruppe der Ketone ist:

$$R - C = O$$
$$|$$
$$R'$$

Die beiden organischen Reste R und R' können entweder gleich sein oder sich unterscheiden.

Mehrwertige Ketone besitzen mehr als eine Ketogruppe.

Das einfachste Keton heißt Dimethylketon oder Aceton:

$$(CH_3)_2C = O$$

Ketone sind gute Lösungsmittel. Aceton ist sowohl hydrophil als auch lipophil. Auch in einigen Zuckern kommen Ketogruppen vor. Ein Keto-Zucker (Ketose) ist die Fructose.

13.5 Carbonsäuren

Carbonsäuren sind die Oxidationsprodukte der Aldehyde:

$$2\,R{-}CHO \;+\; O_2 \;\rightarrow\; 2\,R{-}COOH$$

Ihre Oxidationsstufe ist +2. Die funktionelle Gruppe der Carbonsäuren ist die Carboxylgruppe:

$$-C\overset{\displaystyle O}{\underset{\displaystyle OH}{\big\langle}}$$

Durch die Nachbarstellung des elektronegativen Sauerstoffatoms reagiert der Wasserstoff in der OH-Gruppe sauer!

Mehrwertige Carbonsäuren besitzen mehr als eine Carboxylgruppe.

Die einfachste Carbonsäuren heißt Methansäure oder Ameisensäure:

$$H{-}COOH$$

Die bekanntere Carbonsäure ist die Ethansäure oder Essigsäure:

$$CH_3{-}COOH$$

Die Carbonsäuren sind in der Regel schwache Säuren, d.h. sie sind in wässriger Lösung nur unvollständig dissoziiert. Ihre Säurestärke hängt auch von den Substituenten am benachbarten Kohlenstoffatom ab. So ist z. B. die Trichloressigsäure (CCl_3–COOH) eine starke Säure!

Während die kurzkettigen Carbonsäuren flüssig und noch wasserlöslich sind, so werden sie ab etwa C_{10} öliger und später fest und sie verlieren ihre Wasserlöslichkeit.

Biochemisch wichtige **ungesättigte** Fettsäuren sind die

Ölsäure:

$$C_{18}H_{34}O_2$$

Linolsäure:

$$C_{18}H_{32}O_2$$

Linolensäure:

$$C_{18}H_{30}O_2$$

Arachidonsäure:

$$C_{20}H_{32}O_2$$

Die ungesättigten Fettsäuren sind nahrungsphysiologisch wertvoller als die gesättigten Fettsäuren, da sie über die Spaltung der Doppelbindungen leichter verstoffwechselt (metabolisiert) werden können. Trotz ihrer Kettenlänge sind die ungesättigten Fettsäuren ölige Flüssigkeiten.

13.6 Tenside

Die langkettigen, gesättigten als auch die ungesättigten Fettsäuren sind sehr schwache Säuren und sie sind nicht mehr wasserlöslich. Während die langkettigen Fettsäuren also nur sehr schwach dissoziiert sind, sind deren Na- oder K-Salze vollständig dissoziiert, sie werden wasserlöslich. Allerdings ist ihre Wasserlöslichkeit eingeschränkt, denn die langkettigen Fettsäurereste besitzen ein **hydrophil**es (wasserlösliches) und ein **hydrophob**es (wasserunlösliches) Ende.

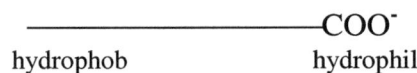

hydrophob   hydrophil

Dadurch erhalten sie **grenzflächenaktive** Eigenschaften. Ein Öltröpfchen in Wasser bildet eine Grenzfläche zum Wasser. Aufgrund der geringeren Dichte rahmt Öl in Wasser auf. Zerkleinert man die Öltröpfchen durch intensives Rühren und fügt eine grenzflächenaktive Substanz hinzu, so bleibt das Öl im Wasser emulgiert. Grenzflächenaktive Substanzen stabilisieren als Emulgatoren eine Emulsion. Die grenzflächenaktiven Moleküle orientieren sich mit ihrem hydrophoben Ende zum Öltröpfchen, während das hydrophile Ende ins Wasser ragt. Das hydrophobe Öltröpfchen umgibt sich mit einer monomolekularen Schicht aus Emulgatormolekülen und wird zur wässrigen Phase hin scheinbar hydrophil:

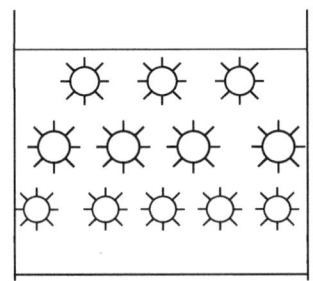

Abb. 19: Öl-in-Wasser Emulsion

Natürlich vorkommende Emulsionen sind die Milch und die Latex-Milch der Kautschukbäume.

Auf dem Effekt der Grenzflächenaktivität beruht auch der Reinigungseffekt von Seifen und Waschmitteln. Detergenzien zu Reinigungszwecken müssen über eine Reihe weiterer Eigenschaften verfügen. Es gibt unterschiedlich aufgebaute Tenside. Sie alle müssen aber über die grundsätzliche Voraussetzung verfügen: hydrophiles und hydrophobes Ende!

13.7 Ester

Ester sind die Kondensationsprodukte aus Carbonsäuren und Alkoholen:

$$R\text{-}COOH + HO\text{-}CH_2\text{-}R' \rightleftharpoons R\text{-}COO\text{-}CH_2\text{-}R' + H_2O$$

Die Estergruppe hat folgende Struktur:

$$\begin{array}{c} O \\ \parallel \\ R\text{-}C\text{-}O\text{-}R' \end{array}$$

Bei dieser Reaktion entsteht pro Mol Ester ein Mol Wasser!

Diese Reaktion ist eine typische Gleichgewichtsreaktion. Die Umkehrung der Veresterung nennt man die Esterspaltung oder Verseifung. Zur Spaltung eines Mol Esters ist ein Mol Wasser erforderlich.

Ester sind wichtige technische Lösungsmittel. Als Polyester stellen sie bedeutungsvolle Werkstoffe dar. Die Ester sind in der Regel nicht wasserlöslich. Auch Bienenwachs ist ein Ester aus einer langkettigen Fettsäure und einem längerkettigen Alkohol.

Die biochemisch wichtigsten Ester sind die des Glycerins mit Fettsäuren wie Palmitin-, Stearin- und Ölsäure:

$$CH_2-OH \quad HOOC \backsim$$
$$CH-OH \quad + \quad HOOC \backsim$$
$$CH_2-OH \quad HOOC \backsim$$

$$\downarrow - 3\ H_2O$$

$$CH_2-OOC \backsim$$
$$CH-OOC \backsim$$
$$CH_2-OOC \backsim$$

Spaltet (verseift) man die Glycerinester (Glyceride) mit Natronlauge, so entstehen Glycerin und die Na-Salze der Fettsäuren, die Na-Seifen. Sie haben grenzflächenaktive Eigenschaften.

14. Kohlenwasserstoffe mit Stickstoff als Heteroatom

14.1 Amine

Formal sind die Amine die Derivate (Abkömmlinge) des Ammoniak NH_3. Ersetzt man schrittweise die Wasserstoffatome im Ammoniak durch Alkylreste, so erhält man die primären, sekundären und tertiären Amine:

NH_3	NH_2R	$NHRR'$	$NRR'R''$
Ammoniak	prim. Amin	sek. Amin	tert. Amin

R, R' und R'' sind beliebige organische Reste. Wie der Ammoniak so sind auch die Amine Protonenakzeptoren und somit basisch. Sie bilden mit Säuren Salze.

Biochemisch sehr wichtige Amine sind die Purin- und Pyrimidinbasen. Sie sind am Aufbau der DNS und RNS (Desoxyribonucleinsäure und Ribonucleinsäure) beteiligt. Amine entstehen vielfach in Fäulnis- und Verwesungsprozessen, woraus deutlich wird, dass einige Amine äußerst giftig sind! Aminogruppen finden sich auch in vielen Arzneimitteln und in psychogenen Drogen.

14. 2 Amide

Amide sind analog zu den Estern die Kondensationsprodukte aus Carbonsäuren und Aminen:

$$R\text{-}COOH + H_2N\text{-}R' \rightleftharpoons R\text{-}CONII\text{-}R' + II_2O$$

Die Amidgruppe hat folgende Struktur:

$$R - \overset{\overset{\displaystyle O}{\|}}{C} - \underset{\underset{\displaystyle H}{|}}{N} - R'$$

Bei dieser Reaktion entsteht analog zur Veresterung pro Mol Amid ein Mol Wasser!

Diese Reaktion ist ebenfalls wie die Veresterung eine typische Gleichgewichtsreaktion. Die Umkehrung der Amidbildung nennt man die Amidspaltung. Zur Spaltung eines Mol Amids ist ein Mol Wasser erforderlich. Amide sind meist Feststoffe. Polyamide sind sehr reißfeste Kunstfasern.

Das Stoffwechselendprodukt Harnstoff ist ein Amid der Kohlensäure:

$$O = C \diagup^{NH_2}_{\diagdown NH_2}$$

Auch die biologisch äußerst wichtige Substanzgruppe der Proteine sind Polyamide!

Die Barbitursäure ist ebenfalls ein Säureamid.

15. Kohlenwasserstoffe mit Schwefel als Heteroatom

Mercaptane (Thioalkohole)

Formal sind die Mercaptane oder Thioalkohole die Derivate (Abkömmlinge) des Schwefelwasserstoffs H_2S. Ersetzt man schrittweise die Wasserstoffatome im Schwefelwasserstoff durch Alkylreste R, so erhält man die Mercaptane und die Thioether:

H_2S	R-SH	R-S-R'
Schwefelwasserstoff	Mercaptan	Thioether

Wie der Schwefelwasserstoff selbst so sind auch die organischen Schwefelverbindungen äußerst übel riechende Verbindungen. In der Aminosäure Cystein kommt eine Mercaptogruppe vor.

16. Kohlenwasserstoffe mit mehreren unterschiedlichen funktionellen Gruppen.

16.1 Hydroxy-Carbonsäuren

In zahllosen biochemisch und physiologisch interessanten Verbindungen sind mehrere unterschiedliche funktionelle Gruppen vorhanden. So sind einige Hydroxycarbonsäuren Stoffwechsel-produkte des Kohlenhydratabbaus: z.B. Milchsäure, Äpfelsäure, Citronensäure. Bereits bei der Milchsäure, der α-Hydroxy-Propansäure, tritt eine für Biomoleküle bedeutungsvolle Besonderheit auf:

Milchsäure: $CH_3 - CHOH - COOH$

$$
\begin{array}{cc}
COOH & COOH \\
| & | \\
HO - C - H & H - C - OH \\
| & | \\
CH_3 & CH_3 \\
\end{array}
$$

L-Milchsäure   D-Milchsäure
(physiologisch unbedeutend)

Es gibt von der Milchsäure zwei Stereo-Isomere (Enantiomere), die sich nur durch die Stellung der OH-Gruppe unterscheiden. Im Stoffwechselgeschehen der Zelle entsteht ausschließlich die D-Variante und nur sie wird auch weiter metabolisiert. Die L-Variante wird dagegen biochemisch nicht erkannt. Synthetisiert man die Milchsäure *in-vitro,* so entsteht ein 1:1-Gemisch (Racemat) aus beiden Konfigurationen. Beide Varianten sind Spiegelbildisomere, sie verhalten sich wie Bild und Spiegelbild, sie sind nicht deckungsgleich, vergleichbar der rechten und linken Hand. Man spricht von **Chiralität** (Händigkeit).

Beide Enantiomere unterscheiden sich nicht in ihren Siede- und Schmelzpunkten, ihrer Löslichkeit und ihren spektroskopischen Daten.

Sie unterscheiden sich nur in ihrer physiologischen Reaktionsbereitschaft und in ihrem Verhalten gegenüber polarisiertem Licht.

Das zentrale C-Atom in der Milchsäure nennt man ein asymmetrisches C-Atom, weil es vier unterschiedliche Bindungspartner hat. Ein solches C-Atom ist **optisch aktiv**, es dreht die Ebene des polarisierten Lichts. Schickt man polarisiertes Licht durch eine Lösung einer optisch aktiven Verbindung, so dreht die eine chirale Verbindung die Ebene des polarisierten Lichts nach rechts die andere nach links. Der Drehwinkel ist abhängig von der Konzentration, der Schichtdicke und von der Temperatur. Die Methode eignet sich, auf einfache Weise die Konzentration optisch aktiver Substanzen z. B. Glucose zu messen.

Bei der Synthese pharmazeutischer Wirkstoffe mit chiralen Eigenschaften muß exakt die geforderte stereoisomere Variante entstehen. Schon Verunreinigungen durch das Spiegelbildisomere können unter Umständen verheerende Folgen haben (Contergan).

Bei den Carvonen (Geschmackstoff im Kaugummi) lassen sich isomere bzw. tautomere Unterschiede bereits am Geschmack wahrnehmen.

CARVON

Kümmel   Minze

17. Kohlenhydrate

Die Kohlenhydrate kamen aufgrund eines Irrtums zu ihrem Namen, da man anhand von Analysendaten zu der Auffassung kam, dass es sich um Verbindungen von Kohlenstoff mit Wasser handeln würde. Ihre Summenformel lautet in den meisten Fällen:

$$C_n - (H_2O)_n$$

Die Kohlenhydrate entstehen durch Photosynthese in den grünen Pflanzenzellen.

$$6\,CO_2 + 6\,H_2O \rightarrow C_6H_{12}O_6 + 6\,O_2$$

Zu den Kohlenhydraten zählen die Zucker, die Polysaccharide wie die Stärke, das Glykogen und die Cellulose. Zucker, Fette und Proteine bilden unsere Ernährungsgrundlage.

Alle in der Natur vorkommenden Kohlenhydrate gehören der D-Konfiguration an, ihre Namen enden auf –ose. Die Kohlenhydrate sind optisch aktiv. Die wichtigsten **Pentosen** sind die D-Ribose und die 2-Desoxy-D-Ribose. Beide Verbindungen sind am Aufbau der Nucleinsäuren beteiligt.

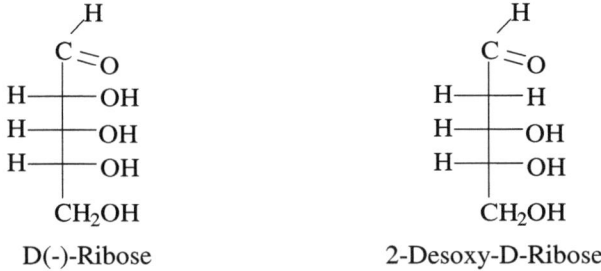

D(-)-Ribose   2-Desoxy-D-Ribose

Formal sind sie die Oxidationsprodukte der mehrwertigen Alkohole.

Die wichtigsten **Hexosen** sind die D(+)-Glucose und die D(+)-Galaktose. Letztere ist Bestandteil des Disaccharids Lactose (Milchzucker), während die Glucose Bestandteil des Disaccharids

Saccharose (Rohrzucker) ist. Auch das Vitamin C, die L-Ascorbinsäure, ist eine leicht modifizierte Hexose.

$$
\begin{array}{c}
\text{H} \\
\text{C=O} \\
\text{H} \rule[0.5ex]{2em}{0.4pt} \text{OH} \\
\text{HO} \rule[0.5ex]{2em}{0.4pt} \text{H} \\
\text{H} \rule[0.5ex]{2em}{0.4pt} \text{OH} \\
\text{H} \rule[0.5ex]{2em}{0.4pt} \text{OH} \\
\text{CH}_2\text{OH}
\end{array}
$$

D(+)-Glucose

$$
\begin{array}{c}
\text{H} \\
\text{C=O} \\
\text{H} \rule[0.5ex]{2em}{0.4pt} \text{OH} \\
\text{HO} \rule[0.5ex]{2em}{0.4pt} \text{H} \\
\text{HO} \rule[0.5ex]{2em}{0.4pt} \text{H} \\
\text{H} \rule[0.5ex]{2em}{0.4pt} \text{OH} \\
\text{CH}_2\text{OH}
\end{array}
$$

D(+)-Galaktose

$$
\begin{array}{c}
\text{CH}_2\text{OH} \\
\text{=O} \\
\text{HO} \rule[0.5ex]{2em}{0.4pt} \text{H} \\
\text{H} \rule[0.5ex]{2em}{0.4pt} \text{OH} \\
\text{H} \rule[0.5ex]{2em}{0.4pt} \text{OH} \\
\text{CH}_2\text{OH}
\end{array}
$$

D(-)-Fructose

Die D-Fructose ist ein Beispiel für einen Ketozucker.

Eine andere Schreibweise der D-Glucose ist die Ringstruktur (cyclische Halbacetale):

93

Disaccharide sind Verbindungen aus zwei Zuckern wie z.B. die Maltose (aus zwei Glucose-Einheiten), die Lactose (aus Galaktose und Glucose) und der Rohrzucker (aus Glucose und Fructose). In den Disacchariden sind die Monosaccharide über Sauerstoff-(Ether)-Brücken miteinander verbunden. Man nennt dies eine glycosidische Bindung, die sich leicht mit verdünnten Säuren spalten läßt. Diese Spaltung geschieht auch bei der Verdauung.

Polysaccharide sind Verbindungen aus vielen Glucoseeinheiten. Die **Stärke** (Amylose) hat eine Molmasse von 10000 – 60000. Sie ist der Energiespeicher der Pflanzen. Das **Glykogen** ist das Reserve-kohlenhydrat des tierischen Organismus. Es wird hauptsächlich in der Leber aber auch in den Muskeln gespeichert. Chemisch unterscheidet sich Glykogen nicht von der Stärke. Die Molmasse des Glykogen beträgt aber bis zu einer Million. **Cellulose** ist ebenfalls ein Polysaccharid, das sich aus Glucoseeinheiten aufbaut. Die Molmasse beträgt hier etwa zwei Millionen. Auch in den Polysacchariden sind die Monosaccharide über Sauerstoff-(Ether)-Brücken miteinander verbunden.

Wichtige modifizierte Kohlenhydrate sind der Insektenpanzer Chitin, das Antibiotikum Streptomycin und der Gerinnungshemmstoff Heparin.

Kohlenhydratabbau:

Glucose ist der bedeutendste Energieträger im Blut. Sie wird ständig aus dem Glykogendepot nachgeliefert, so dass der Blutzuckerspiegel nahezu konstant bei etwa 100mg/100ml gehalten wird. Physiologisch wird die Glucose mit Hilfe des Sauerstoffs vollständig zu Kohlendioxid und Wasser oxidiert:

$$C_6H_{12}O_6 \; + \; 6\,O_2 \; \rightarrow \; 6\,CO_2 \; + \; 6\,H_2O$$

Der Abbau erfolgt über verschiedene Zwischenstufen, wobei eine Reihe von Hydroxy- und Ketocarbonsäuren entstehen (Citronensäure-cyclus nach Krebs).

18. Die Aminosäuren

Die Aminosäuren oder korrekter die Aminocarbonsäuren enthalten wenigstens eine Carboxylgruppe und eine Aminogruppe. Alle in der Natur vorkommenden Aminosäuren sind α-Aminosäuren, d.h. die beiden funktionellen Gruppen sind benachbart. Ihr gemeinsames Bauprinzip ist:

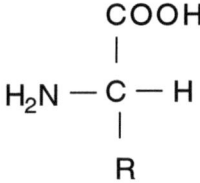

L-Aminosäuren

Es gibt 20 verschiedene Aminosäuren, acht davon sind essentiell, d.h. sie müssen durch die Nahrung aufgenommen werden. Alle Aminosäuren gehören der L-Konfiguration an. Sie unterscheiden sich nur in der Art des Restes R. Dieser kann weitere funktionelle Gruppen enthalten, z.B. weitere Aminogruppen (basische Aminosäuren) oder Carboxylgruppen (saure Aminosäuren). Mit Ausnahme der Aminosäure Glycin (R=H) sind alle Aminosäuren optisch aktiv, da sie ein asymmetrisches C-Atom besitzen.

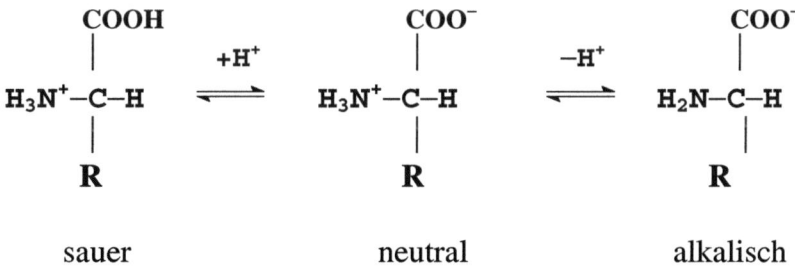

Da Aminosäuren sowohl sauer als auch basisch reagieren, bilden sie bei neutralem pH-Wert innere Salze. Es entsteht ein Zwitterion.

Neutrale aliphatische Aminosäuren:

Glycin	H_2N-CH_2-COOH
Alanin	$CH_3-\underset{\underset{NH_2}{\mid}}{CH}-COOH$
Valin	$CH_3-\underset{\underset{CH_3}{\mid}}{CH}-\underset{\underset{NH_2}{\mid}}{CH}-COOH$
Leucin	$CH_3-\underset{\underset{CH_3}{\mid}}{CH}-CH_2-\underset{\underset{NH_2}{\mid}}{CH}-COOH$
Isoleucin	$CH_3-CH_2-\underset{\underset{CH_3}{\mid}}{CH}-\underset{\underset{NH_2}{\mid}}{CH}-COOH$

Neutrale aromatische Aminosäuren:

Phenylalanin	$C_6H_5-CH_2-\underset{\underset{NH_2}{\mid}}{CH}-COOH$
Tyrosin	$HO-C_6H_4-CH_2-\underset{\underset{NH_2}{\mid}}{CH}-COOH$
Tryptophan	(Indol)$-CH_2-\underset{\underset{NH_2}{\mid}}{CH}-COOH$

Neutrale schwefelhaltige Aminosäuren:

Cystein	$HS-CH_2-\underset{\underset{NH_2}{\mid}}{CH}-COOH$
Cystin	$HOOC-\underset{\underset{NH_2}{\mid}}{CH}-CH_2-S-S-CH_2-\underset{\underset{NH_2}{\mid}}{CH}-COOH$
Methionin	$CH_3-S-(CH_2)_2-\underset{\underset{NH_2}{\mid}}{CH}-COOH$

Neutrale hydroxylgruppemhaltige Aminosäuren:

Serin $\qquad$ $HO-CH_2-CH-COOH$
$\qquad\qquad\qquad\qquad NH_2$

Threonin $\qquad$ $CH_3-CH-CH-COOH$
$\qquad\qquad\qquad\quad OH \quad NH_2$

Saure Aminosäuren:

Asparaginsäure $\qquad$ $HOOC-CH_2-CH-COOH$
$\qquad\qquad\qquad\qquad\qquad NH_2$

Glutaminsäure $\qquad$ $HOOC-(CH_2)_2-CH-COOH$
$\qquad\qquad\qquad\qquad\qquad\quad NH_2$

Basische Aminosäuren:

Arginin $\qquad$ $H_2N-C-NH-(CH_2)_3-CH-COOH$
$\qquad\qquad\qquad NH \qquad\qquad\quad NH_2$

Lysin $\qquad$ $H_2N-(CH_2)_4-CH-COOH$
$\qquad\qquad\qquad\qquad\quad NH_2$

Histidin $\qquad$ $CH_2-CH-COOH$
$\qquad\qquad\qquad\qquad NH_2$

Analog der Reaktionsweise der primären Amine mit Carbonsäuren reagieren auch die Aminosäuren unter Abspaltung von Wasser zu Amiden, die in diesem speziellen Fall **Peptide** heißen:

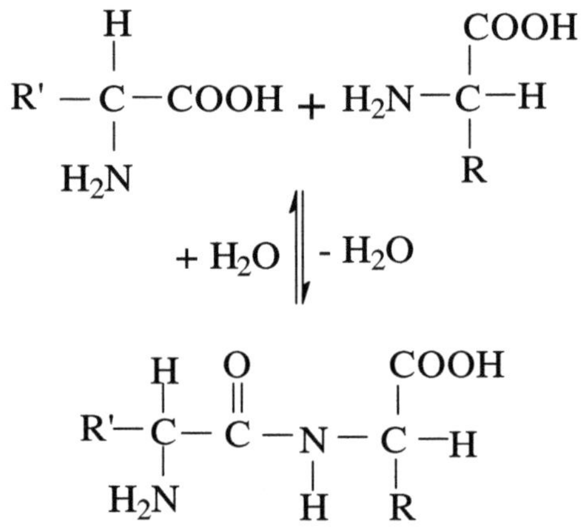

$$R' - \underset{\underset{H_2N}{|}}{\overset{\overset{H}{|}}{C}} - COOH \; + \; H_2N - \underset{\underset{R}{|}}{\overset{\overset{COOH}{|}}{C}} - H$$

$$+ H_2O \; \Big\updownarrow \; - H_2O$$

$$R' - \underset{\underset{H_2N}{|}}{\overset{\overset{H}{|}}{C}} - \overset{\overset{O}{\|}}{C} - \underset{\underset{H}{|}}{N} - \underset{\underset{R}{|}}{\overset{\overset{COOH}{|}}{C}} - H$$

Abb. 20: Peptidbildung

Peptide werden in Gegenwart von Enzymen und Wasser in die Aminosäuren zurückgespalten. An die im Dipeptid vorhandenen Aminogruppe und Carboxylgruppe können weitere Aminosäuren anknüpfen, so dass ein Polypeptid entsteht. Abbildung 21 zeigt den Aufbau einer Polypeptidkette:

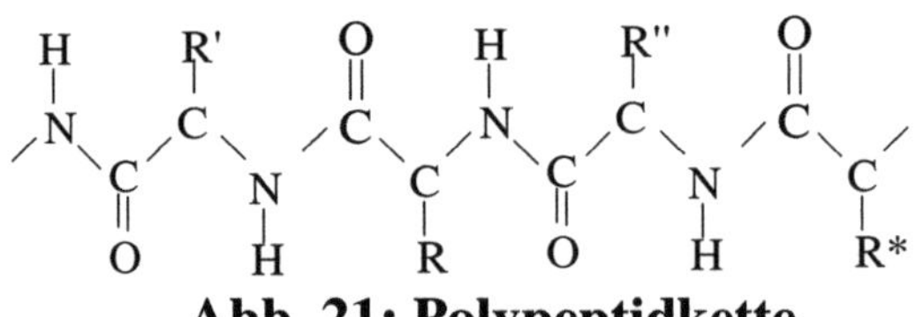

Abb. 21: Polypeptidkette

Während in der Kette das Segment -N-C-C-N- sich ständig wiederholt, unterscheidet sich das Molekül ausschließlich in den Resten R. Für die physiologische Wirksamkeit eines Polypeptids ist die Reihenfolge der miteinander verknüpften Aminosäure von ausschlaggebender Bedeutung (Aminosäuresequenz).

Ein biochemisch wichtiges Polypeptide ist das Peptidhormon Insulin. In ihm sind 51 Aminosäuren miteinander verknüpft. Im Gerinnungshemmstoff Aprotinin (Trasylol®) sind 56 Aminosäuren miteinander verbunden (Abb. 22).

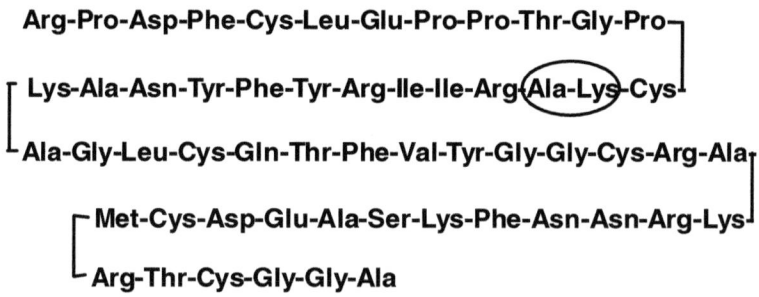

Abb. 22: Aminosäuresequenz im Aprotinin

Auch der Gerinnungshemmstoff des Blutegels, das Hirudin, ist ein Polypeptid, das sich aus etwa 50 Aminosäuren aufbaut. Blutegel werden noch heute in der Mikrochirurgie verwendet, um nach chirurgischen Eingriffen Kapillargefäße durchgängig zu halten.

Der Süßstoff ‚Nutrasweet®‘ ist ein Polypeptid aus nur zwei Aminosäuren. Allerdings ist eine Carboxylgruppe mit Methanol verestert. Es enthält die Aminosäure Phenylalanin. Diese Aminosäure ist ein Gefahrenstoff für Kinder mit der Stoffwechselkrankheit Phenylketonurie (PKU). Die Nahrung dieser Kinder darf kein Phenylalanin enthalten, da diese Aminosäure pathologisch zu Aceton metabolisiert wird. Für diese Kinder ist eine Spezialnahrung ohne Phenylalanin auf dem Markt.

19. Proteine

Bei einer Verknüpfung von mehr als 100 Aminosäure spricht man anstatt von Polypeptiden von Proteinen oder Eiweißen. Die Polykondensationreaktion der Aminosäuren unter Abspaltung von Wasser zu Proteinen ist die gleiche wie bei den Peptiden.

Man unterscheidet im wesentlichen zwei Gruppen von Proteinen:

- Bauproteine, die die Körpersubstanz und Haare aufbauen. Sie sind in Wasser unlöslich.

- Funktionsproteine, die die Biosynthese aber auch den Abbau verschiedenster Substanzen steuern. Sie sind wasserlöslich.

Die biologische Funktion der Proteine ist an eine Reihe von unverzichtbaren strukturellen Bedingungen geknüpft. Bei einer Verletzung dieser Bedingungen kommt es zu Fehlfunktionen oder zu einem Totalausfall. Proteine sind äußerst labile Verbindungen. Ihre optimale Funktionsweise ist meist nur innerhalb eines engen pH-Wertbereichs möglich. Abweichungen vom optimalen pH-Wert oder zu hohe Temperaturen aber auch die Anwesenheit von Giften (einige Schwermetalle) können zur Denaturierung führen. Dennoch gibt es Organismen, die sich an extreme Lebensbedingungen angepasst haben. Deren Proteine arbeiten ebenfalls unter extrem hohen Temperaturen und für uns schädlichen Umweltverhältnissen fehlerfrei.

In der **Primärstruktur** ist die Abfolge der Aminosäuren in der Proteinkette festgelegt (Aminosäuresequenz). Sie ist vergleichbar einer biologischen Sprache. Fehler in der Primärstruktur haben ebenfalls Auswirkungen auf die weitere räumliche Ausrichtung. Es kann zu biochemischen ‚Missverständnissen‘, also zu einer fehlerhaften Synthese von Biomolekülen kommen. Bei der Proteinsynthese ist äußerste Präzision notwendig!

In der **Sekundärstruktur** orientiert sich die Proteinkette in einem räumlichen Gebilde, entweder in einer Helix oder in einem Faltblatt.

Zwei oder drei Helices können sich noch einmal in einer Doppelhelix oder einer Tripelhelix verdrillen.

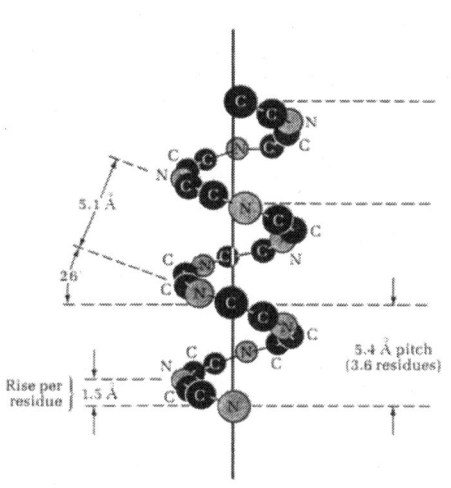

Abb. 23: Helixstruktur

In der **Tertiärstruktur** formt sich der Helixstrang zu einem komplizierten, aber nicht zufälligen, räumlichen Gebilde, das über die Knüpfung von zahlreichen Sekundärbindungen stabilisiert wird. Solche Sekundärbindungen sind Wasserstoffbrückenbindungen, Dipol-Wechselwirkungen, elektrostatische Kräfte oder hydrophobe Wechselwirkungen (Abb. 24).

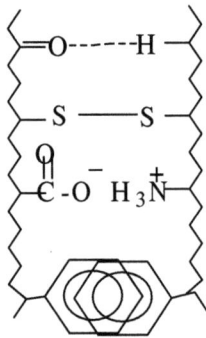

Abb. 24: Nebenvalenzbindungen

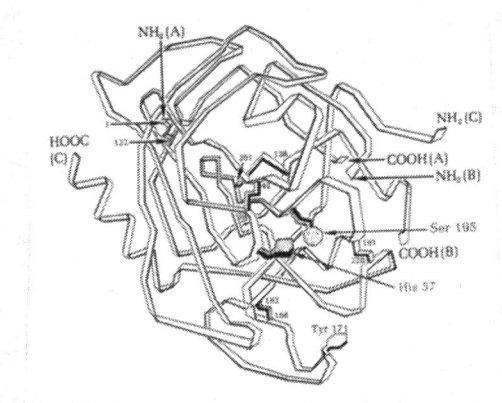

Abb. 25: Beispiel einer Tertiärstruktur (Trypsin)

In einer eventuellen **Quartärstruktur** finden sich mehrere solcher Untereinheiten zu einer größeren Funktionseinheit zusammen. Auch diese Untereinheiten werden durch nicht kovalente Bindungskräfte zusammengehalten. *Hämoglobin* ist ein Beispiel für ein Protein, das aus mehreren Untereinheiten besteht.

19.1 Enzyme

Enzyme sind Biokatalysatoren und demnach Funktionsproteine, die in den Zellen hergestellt werden. Sie steuern vielfältige Stoffwechselvorgänge und sind an der Synthese von Körpersubstanz beteiligt.

Einige Enzyme katalysieren nur die Synthese oder Spaltung einer einzigen funktionellen Gruppe: **Gruppenspezifität**. Gruppen-spezifische Enzyme sind beispielsweise die Proteasen, die Esterasen oder die Glycosidasen.

Einige Enzyme katalysieren nur die Synthese oder Spaltung einer einzigen Substanz: **Substratspezifität**. Substratspezifische Enzyme sind beispielsweise die Galaktosidase, die Alkoholdehydrogenase oder die Amylase.

Einige Enzyme katalysieren nur eine von mehreren möglichen Parallel- oder Konkurrenzreaktionen: **Richtungsspezifität**.

Das Substratmolekül lagert sich an das aktive Zentrum des Enzyms und wird dort umgesetzt. Danach löst sich das Reaktionsprodukt und macht den Platz für ein weiteres Substratmolekül frei. Nur ein ganz spezifisches Substratmolekül passt an das aktive Zentrum des Enzyms, vergleichbar einem Schlüssel, der nur zu einem einzigen Schloß passt (**Schlüssel-Schloß-Prinzip**).

Durch Hemmungsmechanismen wird die Funktion eines Enzyms blockiert. Irreversible Hemmstoffe (Enzymgifte) sind z.B. einige Schwermetalle (Blei, Quecksilber Arsen, Cadmium). Die **Substrathemmung** ist eine reversible Deaktivierung. Sie bewahrt einen Organismus davor, dass er durch eine zu hohe Konzentration an Substrat geschädigt wird. So kommt beispielsweise bei der alkoholischen Gärung die Alkoholproduktion bei einer Konzentration von etwa 18% zum Erliegen. Zu hohe Alkoholkonzentrationen würden die Hefezelle irreversibel schädigen oder gar abtöten. Verdünnt man das Gärungsgemisch, so wird die Ethanolerzeugung fortgesetzt.

Oftmals ist die Funktionsweise eines Enzyms an so genannte Co-Faktoren gebunden. Solche Co-Faktoren können niedermolekulare Verbindungen sein wie z.B. das Co-Enzym A. Aber auch die Anwesenheit bestimmter Ionen kann unverzichtbar für die Funktion eines Enzyms sein. So erfordert der enzymatische Prozess der Blutgerinnung die Anwesenheit von Ca^{2+}-Ionen. Viele Spurenelemente wie z. B. Mangan oder Selen sind Co-Faktoren. In hohen Konzentrationen sind sie Gifte.

Proteine werden als Nahrung aufgenommen, im Verdauungstrakt durch Proteasen in die einzelnen Aminosäuren zerlegt und an Orten des Bedarfs zu neuen körpereigenen Proteinen wieder zusammengesetzt (**Proteinsynthese**). Acht Aminosäuren gelten als essentiell, d.h. sie können vom menschlichen Organismus aus vorhandenen Aminosäuren nicht umgebaut werden.

Das Schlangengift *Reptilase* ist ein Protein und löst spontan die Blutgerinnung des Opfers aus. Auch die Gifte vieler Insekten, Spinnen oder Frösche sind Proteine. Eines der gefährlichsten Gifte ist das *Botulinus Toxin*. Es besteht aus 1285 Aminosäuren und gilt als einer der verheerendsten biologischen Kampfstoffe. Ein Gramm *Botulinus Toxin* tötet etwa eine Million Menschen. Allerdings zeigt dieses Gift auch therapeutische Wirkung bei cerebralen Störungen. Es wurde auch eine Zeit lang subkutan gespritzt, um Hautfältchen zu beseitigen.

Der Erreger des Rinderwahnsinns und der Kreuzfeld-Jacob-Krankheit ist ebenfalls ein Protein, das sich aus ca. 50 Aminosäuren aufbaut und zu einem Ring geschlossen ist. Dieses Peptid ist äußerst stabil und läßt sich durch keine der gängigen Sterilisationsmethoden abtöten. Es gehört zur Klasse der Prione und ist zudem in der Lage, andere Proteine in Prione umzuwandeln.

20. Nucleinsäuren

Um Fehlfunktionen bei der Synthese von Biomolekülen zu vermeiden, muß die Proteinsynthese mit äußerster Präzision erfolgen. Für eine korrekte Proteinsynthese sind die Nucleinsäuren verantwortlich. Sie haben den biologischen Code für die Proteinsynthese gespeichert. Es gibt zwei Typen der Nucleinsäuren, die Desoxyribonucleinsäure (DNS) und die Ribonucleinsäure (RNS). Beide Typen sind ihrer Natur nach Polyester, bestehend aus Phosphorsäure H_3PO_4 und den beiden Pentosen Desoxyribose bzw. Ribose. Die Varianz erlangt der Polyesterstrang durch die vier DNS-Basen Adenin, Thymin, Cytosin und Guanin:

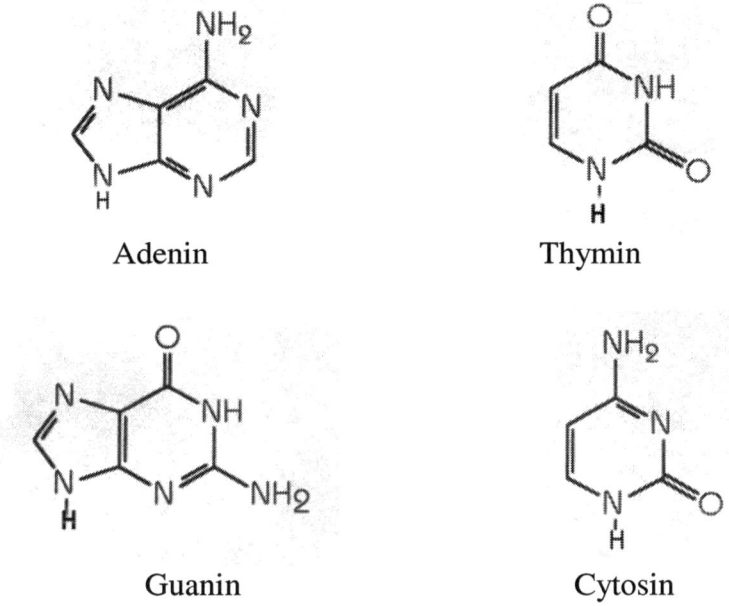

Adenin   Thymin

Guanin   Cytosin

Abb. 26: Pyrimidin- und Purinbasen in der DNS oder RNS

Diese vier Basen sind mit der Desoxyribose bzw. mit der Ribose verbunden (Abb. 27):

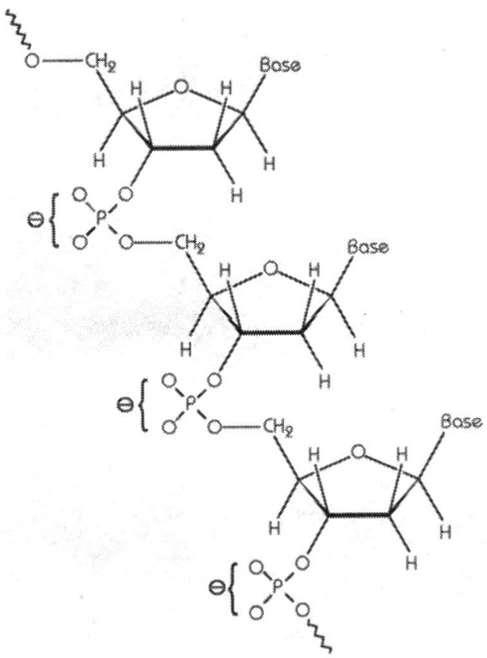

Abb. 27: DNS-Strang mit Basen

Eine der drei Säuregruppen der Phosphorsäure ist nicht verestert, so dass das gesamte Makromolekül sauer reagiert.

Jeweils zwei DNS-Stränge finden sich in einer **Doppelhelix** derart zusammen, dass sich jeweils die Basen Adenin und Thymin bzw. Guanin und Cytosin gegenüberstehen und sich wechselseitig über Wasserstoffbrücken fixieren. Dieses Bauprinzip nennt man die **spezifische Basenpaarung**. Nur in dieser Konstellation A - T beziehungsweise G – C können stabile Nebenvalenzbindungen aufgebaut werden. Man nennt diese Basen auch komplementär.

Die DNS ist in der Lage sich selbst zu reduplizieren. Mit Hilfe einer Reihe von Enzymen öffnet sich der DNS-Doppelstrang wie ein Reißverschluß. An die geöffneten Bereiche addieren sich die Nucleotide gemäß dem Prinzip der spezifischen Basenpaarung. Aus einer Mutter-DNS entstehen zwei identische Kopien, die Tochter-DNS (Abb.: 29).

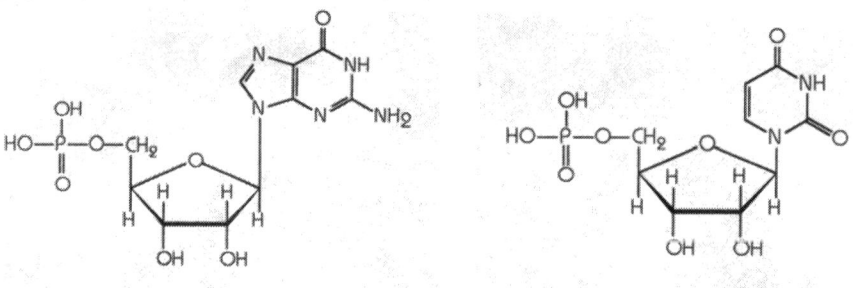

Adenyl-Ribonucleotid   Cytosyl-Ribonucleotid

Guanyl-Ribonucleotid   Thymyl-Ribonucleotid

Abb. 28: Die vier Nucleotide

Bei dieser Art der Reproduktion wird deutlich, dass zunächst keine Varianz, d.h. keine neuen DNS-Stränge mit einem veränderten genetischen Code entstehen können. Das Original produziert zwei identische Kopien. Erst bei einem Fehler bei der DNS-Synthese kann ein neuer genetischer Code entstehen. Einen solchen Fehler nennt man **Mutation**. Die Mutationsrate liegt bei etwa $1:10^6$, d.h. bei einer Million Kopien tritt ein Fehler auf. Die weitaus überwiegende Mehrheit der Fehler wirkt sich als Nachteil für den Organismus aus, da eine fehlerhafte DNS ein verändertes Protein erzeugt. Ein defektes Protein verursacht Fehler bei der Synthese von Biomolekülen.

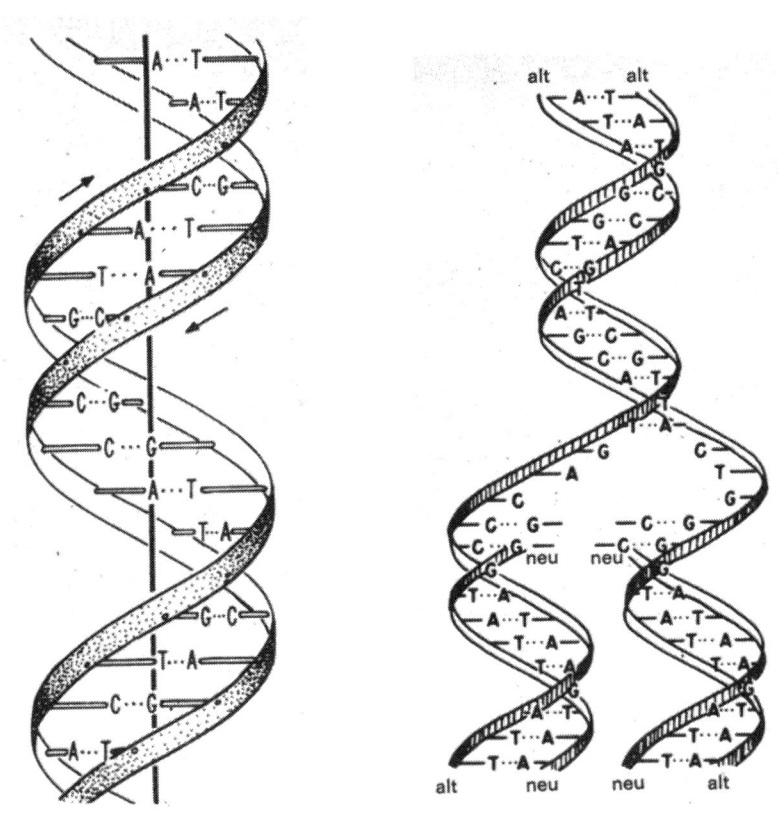

Abb. 29: Doppelhelix und Mechanismus der Reduplikation

Jedes Lebewesen speichert seinen gesamten Bauplan in den Zellkernen jeder einzelnen Zelle. Die DNS einfacher Organismen ist nur sehr kurz. Im Laufe der Evolution mit der Entwicklung höherer Organismen wurde die DNS verlängert. Die DNS des Menschen ist etwa ein Meter lang.

Obwohl man die chemische Zusammensetzung der DNS und der RNS schon lange kannte, blieb es ein Rätsel, wie ein solches Molekül, das aus nur so wenigen Komponenten besteht, Träger einer so umfassenden Information wie den Bau und die Funktionsweise eines komplexen Lebewesens sein kann. Dennoch gelingt diesem Molekül die Proteinsynthese sämtlicher Eiweißstoffe mit Hilfe der vier Basen, indem diese zu Dreiereinheiten (**Tripletts**) kombiniert werden. Dadurch entstehen insgesamt 64 Kombinationsmöglichkeiten, die bei weitem ausreichen, um alle 20 Aminosäuren zu codieren.

Beispiele für eine Aminosäurecodierung:

AAA	-	Lysin
AGT	-	Serin
CCA	-	Prolin
TCA	-	Serin
CTT	-	Leucin
CTG	-	Alanin
AAT	-	Asparagin

Es gibt also mehrere Tripletts, die ein und die selbe Aminosäure codieren.

20.1 Proteinsynthese

Die Nucleinsäure DNS befindet sich in jedem Zellkern und trägt die vollständige Information über den Bau und die Funktion des gesamten Organismus. Sie verläßt den Zellkern nicht. Besteht der Bedarf an einem bestimmten Protein, so wird die Bauinformation hierzu vom zuständigen DNS-Segment (Gen) auf eine so genannte **m-RNS**

(Messenger-RNS) kopiert. Diesen Vorgang nennt man Transcription. Die m-RNS verlässt den Zellkern und begibt sich zu den Ribosomen, dem eigentlichen Ort der Proteinsynthese. Dort wird die Information an die **r-RNS** (ribosomale RNS) weitergegeben. Die **t-RNS** (Transfer-RNS) transportiert nun die benötigten Aminosäuren zum Ribosom und dockt entsprechend dem korrespondierenden Triplett an die r-RNS an. Sobald die Aminosäure in korrekter Sequenz gebunden ist, verlässt die t-RNS den Ort der Synthese, um weitere Aminosäuren heranzuschaffen. Ist die Proteinsynthese abgeschlossen, so verlässt auch das Protein das Ribosom und faltet sich zur Sekundär- und Tertiärstruktur. Es ist, falls es sich um ein Enzym handeln sollte, bereit zur Biokatalyse.

20.2 Viren - Grenzfälle des Lebens.

Viren sind DNS-Stränge, oft nur in eine Ummantelung aus Eiweiß gehüllt, die die Befähigung zur Replikation haben. Da ihnen aber die Assistenz des gesamten Zellapparates fehlt, sind sie zunächst nicht vermehrungsfähig. Wenn es ihnen gelingt, in eine Zelle einzudringen, nutzen sie deren RNS und Ribosomen, um sich zu reproduzieren. Mit Hilfe bestimmter Eiweiße durchdringen sie die Zellwand einer Zelle und zwingen sie, Viren zu produzieren.

20.3 Evolution

Die Vielfalt des Lebens ist nach dem bisher Gesagten noch nicht erklärbar. Jedes Lebewesen benötigt eine eigene DNS. Wenn aber die erste Ur-DNS, wie immer sie auch entstanden sein mag, ihre Information durch identische Kopien weitergibt, so kann keine Artenvielfalt, wie wir sie auf der Erde beobachten, entstehen.

Die Varianz des Lebens entsteht erst durch Fehler bei der Informationsweitergabe, durch fehlerhafte Kopien. Wie bereits erwähnt, nennt man diese Fehler **Mutation**. Da die Mutationsrate bei der Zellteilung nur etwa $1:10^6$ beträgt und zudem fast jede Mutation zum Nachteil für den Organismus gerät, wird diese Strategie zur Schaffung der Artenvielfalt sehr ineffizient sein und kaum die Geschwindigkeit der Evolution erklären können. Anhand des Informationsträgers ‚menschliche Sprache' soll dies unter Wahrung des Triplett-Gesetzes verdeutlicht werden:

1. Eine korrekte Information lautet:

DIE RNS IST AUF DEM WEG VOM GEN ZUR TAT

2. Fehlerhafte Information (das erste T wird weggelassen):

DIE RNS ISA UFD EMW EGV OMG ENZ URT

3. Fehlerhafte Information (ein E wird hinzugefügt):

DIE RNS EIS TAU FDE MWE GVO MGE NZU RTA

Es entstehen unverständliche oder zumindest mißverständliche Befehle.

Daher vermutet man, dass in der Frühgeschichte unserer Erde neben der Mutation auch noch eine andere Strategie, die der **Inkorporation** verfolgt wurde. Danach sollen Mikroorganismen andere kleinere Organismen in ihre Zelle inkorporiert haben und deren genetische Information ihrer eigenen DNS hinzugefügt haben. Erste Algen sollen auf diese Weise entstanden sein.

Noch sehr viel effizienter erwies sich das Konzept der **sexuellen Vermehrung** bei der Mischung und Rekombination von genetischer Information. Die DNS der Samenzelle vermischt sich mit der DNS der Eizelle zu einer neuen DNS, die sowohl Anteile der einen als auch der anderen DNS enthält. Bei konkurrierenden Genen ist nur eines dominant.

Während der Evolution entstanden eine ungeheure Vielzahl von Organismen, die sich dem Kampf ums Überleben stellen mussten. Nicht überlebensfähige Varianten fielen der **Selektion** zum Opfer.

Scheinbar benachteiligte Mutanten hatten dennoch eine Chance zu überleben, wenn sie in der Lage waren, ihre Lebensweise an die veränderten Bedingungen anpassen zu können. Zum Beispiel wenn zuvor tagaktive Spezies zu nachtaktiven Spezies werden, falls eine Mutation ihnen eine auffällige Körperfarbe beschert hat. Generell verfolgt die Natur zwei Strategien, um das Überleben einer Art zu sichern. Wenig anpassungsfähige Organismen produzieren eine sehr große Nachkommenschaft. Selbst bei bedrohlich veränderten Lebensbedingungen werden einige wenige Individuen überleben. Ein Organismus, der dagegen sehr gut auf veränderte Umweltbedingungen reagieren kann, benötigt nur wenige Nachkommen, um seine Art zu erhalten.

Trotz der sich ständig erweiternden Kenntnisse über die Arbeitsweise der biologischen Informationsträger und die Weitergabe genetischer Information bleibt es bis heute ungeklärt, wie das Leben auf der Erde entstanden ist. Die Wahrscheinlichkeit der Entstehung des Menschen errechnete ein Mathematiker mit $1:10^{12\text{Millionen}}$. Das ist eine Zahl mit 12 Millionen Nullen, eine unvorstellbar große Zahl, wenn man bedenkt, dass seit dem Urknall erst 10^{17} Sekunden vergangen sind!

Durch unseren Umgang mit der Natur werden jedes Jahr rund 27000 Arten unwiederbringlich ausgelöscht. Jede dieser Art ist ein über Jahrhunderttausende gereiftes Unikat des Lebens. Unter ihnen befinden sich Rohstoffe zur Herstellung wertvoller Heilsubstanzen gegen Krebs, Aids, Herpes, Grippe und andere schwere Viruserkrankungen. Allein im Amazonasgebiet nutzen die Indianer 1300 Pflanzenarten als Heilmittel. Der US-amerikanische Pharmakonzern Merck läßt in den Urwäldern Costa Ricas systematisch nach Tier- und Pflanzenarten sammeln, um diese „pharmakologische Goldgrube" der Nachwelt zu erhalten.

21. Polymere - Kunststoffe

In den ersten Jahren des 20. Jahrhunderts wurde der erste vollsynthetische Kunststoff, das Bakelit, hergestellt. Doch auch schon davor gab es die so genannten halbsynthetischen Kunststoffe, z.B. die Kunstseide, das Kunsthorn, das Celluloid, das Cellophan u.a. Man verwendete natürlich vorkommende Polymere wie z. B. die Cellulose oder die Proteine der Milch und modifizierte sie, in dem man beispielsweise die OH-Gruppen der Cellulose veresterte. In den Anfängen galten die Kunststoffe als minderwertige Werkstoffe. Dieses Image hat sich seit etwa den sechziger Jahren vollkommen gewandelt. Heute gelten Kunststoffe als besonders wertvolle Materialien, ohne die die technologische Entwicklung unserer Zeit gar nicht möglich gewesen wäre. Auch die spektakulären Erfolge in der modernen Medizin wären ohne den Einsatz moderner Biomaterialien undenkbar.

Definition:

> Kunststoffe sind vollsynthetische, durch chemische Umsetzung hergestellte Werkstoffe. Als Grundstoffe dienen billige, einfach aufgebaute Schlüsselchemikalien, die meist aus Rohöl gewonnen werden. Sie sind ihrer Natur nach in der Regel Kohlenwasserstoffverbindungen und haben eine makromolekulare Struktur (Makromolekül = sehr großes Molekül).

Sie werden durch chemische Verknüpfung von kleinen Molekülen, den Monomeren (Monomer = kleine Einheit), erhalten. Das Verknüpfungsprodukt ist das Polymer, das Makromolekül.

$$n \times M \;\rightarrow\; P_n$$

Beispiel:

$$n \; CH_2 = CH_2 \quad \rightarrow \quad -[CH_2 - CH_2]_n-$$

Molmasse = 28   Molmasse $\approx 10^5$

Ethylen   Polyethylen

Die Molmasse ist ein Maß für die Molekülgröße. Das technisch noch verwertbare Minimum liegt bei etwa 20000. Zur Polymerisation eignen sich alle Moleküle, die mindestens die Funktionalität 2 besitzen, d.h. mindestens zwei funktionelle Gruppen in ihrem Molekül aufweisen. Bei einer Funktionalität von 2 erhält man lineare Kettenmoleküle. Bei einer Funktionalität größer als 2 entstehen Verzweigungen und Vernetzungen. Beim Ethen oder Ethylen wird die Funktionalität durch die beiden entkoppelten p-Elektronen erreicht:

Diese beiden radikalischen p-Elektronen können sich mit den p-Elektronen weiterer Ethylenmoleküle zu Polymerketten verbinden. Den Initialschritt, die Radikalbildung nennt man **Startreaktion.** Die Addition weiterer Ethylenmoleküle heißt **Wachstumsreaktion.** In der Phase des Kettenwachstums können sich zufällig zwei radikalische Kettenenden begegnen, wobei es zum **Kettenabbruch** kommt. Da der Kettenabbruch ein Zufallsereignis ist, entstehen Polymermoleküle mit unterschiedlichen Molmassen. Die Molmasse von Polymeren wird daher als mittlere Molmasse mit einer charakteristischen Molmassenverteilung angegeben. Die relative Häufigkeit einer bestimmten Molmasse stellt man in einer Verteilungskurve dar.

Der Initialschritt, d.h. die Erzeugung von Radikalen ist die Voraussetzung für ein Kettenwachstum. Radikale kann man auf verschiedene Weise erzeugen. Nur in Ausnahmefällen gelingt dies durch Wärme (Styrol). Energiereiche Strahlung wie UV-Licht oder radioaktive Strahlung aber auch in einigen wenigen seltenen Fällen sichtbares Licht sind in der Lage, das Monomermolekül zu radikalisieren. Die überwiegende Mehrzahl der Polymerisations-reaktionen wird mit Hilfe von Radikalbildnern, den **Initiatoren** durchgeführt.

Initiatoren sind thermolabile Substanzen, die bei Erwärmung in Radikale zerfallen. Ein solcher Initiator ist beispielsweise das Benzoylperoxid (BPO). Dieser Initiator beginnt, bei etwa 60°C in zwei Radikale zu zerfallen. Um die Zerfallstemperatur zu senken, können zusätzlich **Beschleuniger** eingesetzt werden. Sie katalysieren, d.h. sie senken die Aktivierungsenergie des Zerfalls des Initiatormoleküls.

Benzoylperoxid (BPO)

Benzoylradikale

Jede Polymerkette beginnt mit einem Initiatormolekül, daher wird der Initiator im Verlauf der Reaktion verbraucht. Wenn eine wachsende Polymerkette einem Initiatorradikal oder einer anderen wachsenden Polymerkette begegnet, kommt es zur Abbruchreaktion. Daher endet auch in einem solchen Fall die Polymerkette mit einem Initiatormolekül.

Auch andere bifunktionelle Verbindungen sind zur Polymerbildung fähig. So reagiert beispielsweise eine Dicarbonsäure mit einem Diol zu einem Polyester. Oder eine Dicarbonsäure bildet mit einem primären oder sekundären Diamin ein Polyamid. In diesen beiden Fällen spricht man von einer Polykondensation, da je geknüpfter

Bindung ein Mol Wasser abgespalten wird. Oder ein Diisocyanat reagiert mit einem Diol zu einem Polyurethan. In all diesen Fällen muß das molare Mengenverhältnis der beiden Reaktionspartner exakt 1:1 eingehalten werden, weil es sonst zu vorzeitigem Kettenabbruch kommt. Von vornherein gewährleistet ist dieses exakte molare Mengenverhältnis von 1:1, wenn man von bifunktionellen Verbindungen ausgeht, die sowohl die eine als auch die andere funktionelle Gruppe bereits in einem Molekül vereint, zum Beispiel in einer Hydroxycarbonsäure oder in einer Aminocarbonsäure. Für all die in diesem Abschnitt genannten Reaktionen sind keine Initiatoren erforderlich. Hier werden die üblichen Veresterungskatalysatoren oder andere Katalysatoren eingesetzt.

Die enorme Vielfalt polymerer Werkstoffe wird durch die schier unbegrenzte Variabilität und Kombination der Ausgangsmonomere erreicht. Polymersiert man zwei oder mehrere Monomere gemeinsam, so gelangt man zu den **Copolymeren**. So ist man heute tatsächlich in der Lage, für alle Erfordernisse Werkstoffe mit allen nur erdenklichen Eigenschaften, also nach Maß (tailor-made) zu fertigen. Ersetzt man beispielsweise im Ethen eines der Wasserstoffatome durch einen Rest R:

$$\underset{H}{\overset{H}{{}^{\diagdown}}}C = C\underset{H}{\overset{R}{{}^{\diagup}}}$$

R: H	Ethen	Polyethylen
R: Cl	Vinylchlorid	Polyvinylchlorid
R: CH_3	Propen	Polypropylen
R: CH_2-CH_3	Buten	Polybutylen
R: $CH=CH_2$	Butadien	Polybutadien
R: $C\equiv N$	Acrylnitril	Polyacrylnitril
R: COOH	Acrylsäure	Polyacrylsäure
R: COOR'	Acrylate	Polyacrylate
R: Benzolring	Styrol	Polystyrol

$$F{\diagdown}\atop F{\diagup}C = C{\diagup}^F_{\diagdown}F$$

Tetrafluorethylen (Monomeres des Teflon)

Die Veresterung der zahllosen Dicarbonsäuren mit den ebenfalls zahllosen Diolen führt zur Familie der Polyester. Die Umsetzung der zahllosen Dicarbonsäuren mit den ebenfalls zahllosen Diaminen führt zur Familie der Polyamide.

21.1 Klassifizierung der Polymer-Familien

Es gibt eine ganze Reihe von Möglichkeiten, die Vielzahl an polymeren Werkstoffen zu ordnen. Im Folgenden wurde eine Variante gewählt, wonach die Polymere entsprechend ihren makroskopischen Eigenschaften klassifiziert werden. Ganz allgemein werden die Eigenschaften eines polymeren Werkstoffs durch die Wahl der Monomere, das chemische Bauprinzip, der Molmasse und der Molmassenverteilung sowie durch die Art und Menge an Zusatzstoffen bzw. Hilfsstoffen bestimmt!

21.1.1 Thermoplaste

Thermoplaste sind in der Wärme verformbar; sie sind erweichbar und schmelzen. Häufig lösen sie sich in geeigneten Lösungsmitteln. Die langen Molekülketten sind linear oder verzweigt. Sie sind auf alle Fälle unvernetzt! Zu ihnen zählen das Polyethylen, das PVC, das Polypropylen, einige Polyurethane, die Polyamide, die Polycarbonate, einige Polyester und Teflon. Die Eigenschaft, thermoplastisch verarbeitbar zu sein, macht diese Werkstoffe sehr beliebt, denn sie lassen sich leicht in großen Stückzahlen und Mengen kostengünstig und sehr gut reproduzierbar verarbeiten.

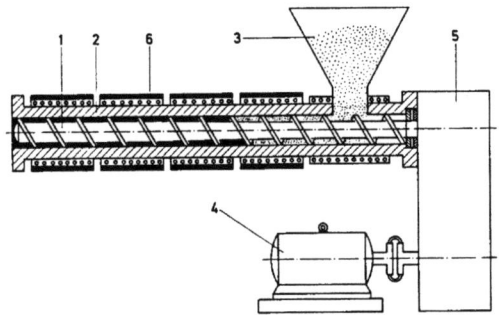

Abb. 30: Extruder
(1. Schnecke, 2. Zylinder, 3. Trichter,
4. Motor, 5. Getriebe, 6. Heizung)

Thermoplaste werden in so genannten Extrudern und Spritzgießmaschinen verarbeitet, wobei sie in die Nähe des Erweichungspunktes (170 - 300°C) erhitzt werden, durch eine Transportschnecke zu einer Spritzdüse befördert und in die gewünschte Form gespritzt werden (Abb. 30). Die Gestalt der Spritzdüse entscheidet über die Art des Werkstücks. Setzt man beispielsweise eine Ringdüse ein, so entstehen Rohre oder Schläuche. Dünnwandige Schläuche können zu Folien aufgeblasen werden. Enthält der Spritzkopf eine Vielzahl feinster Bohrungen, so entstehen endlose Fasern, die erst durch Recken auf ein Vielfaches ihrer ursprünglichen Länge ihre endgültige Festigkeit erreichen. Durch den Vorgang des Reckens ändert sich die Gestalt der Molekülknäuel, sie nähern sich einander und Nebenvalenzbindungen – bei Polyamid sind das Wasserstoffbrückenbindungen – werden geknüpft. Man bemerkt das durch einen deutlichen Widerstand beim Recken. Die Zugfestigkeit steigt sprunghaft an.

Durch die hohe thermische Belastung während der Extrusion erfahren die Polymerisate Veränderungen. Es kommt zur Depolymerisation. Während die reinen Polymerisate meist physiologisch unbedenklich sind, sind die Monomere oder Oligomere oft gesundheitsschädlich oder gar toxisch. Durch eine Depolymerisation büßt ein Polymer auch seine mechanischen Festigkeitswerte ein. Um die Depolymerisation möglichst zu unterdrücken, setzt man **Stabilisatoren** hinzu.

In einer so genannten **Rezeptur** werden vor der Extrusion dem Rohpolymer noch weitere niedermolekulare Substanzen zugemischt, um dessen Eigenschaften zu variieren oder um es vor Umwelteinflüsse zu schützen. Kunststoffe sind demnach Substanzgemische, bestehend aus einer ganzen Reihe von Einzelkomponenten. Diese niedermolekularen Substanzen nennt man **Additive** oder **Hilfsstoffe**. Solche Additive sind:

Weichmacher:

Weichmacher (plasticizer) sind sperrige Moleküle, die verhindern sollen, dass sich im Polymer eine kristalline Struktur ausbildet. Sie machen das Basispolymer weicher, geschmeidiger, flexibler. Sie erniedrigen die Reißfestigkeit, erhöhen aber die Reißdehnung. So ist beispielsweise das Roh-PVC ein hartes, sprödes Pulver. Erst durch die Zumischung von Weichmachern erhält man das Hart-PVC mit bis zu 10% bzw. das Weich-PVC mit bis zu ca. 70% Weichmachersubstanz. Einer der am weitesten verbreiteten Weichmacher ist das Di-Octylphthalat (DOP):

$$COO\text{-}(CH_2)_7\text{-}CH_3$$
$$COO\text{-}(CH_2)_7\text{-}CH_3$$

Di-Octylphthalat

Dieser Weichmacher hat die Eigenschaft, im Laufe der Zeit aus dem Polymer „auszuschwitzen" (Weichmacher-Migration).

Eine Alternative hierzu ist der sperrigere Weichmacher Tri-Octyltrimellitat (TOTM) mit einem weitaus geringerem Migrationsverhalten:

$$CH_3\text{-}(CH_2)_7\text{-}OOC \quad \quad COO\text{-}(CH_2)_7\text{-}CH_3$$
$$COO\text{-}(CH_2)_7\text{-}CH_3$$

Tri-Octyltrimellitat

Füllstoffe:

Füllstoffe haben die entgegengesetzte Aufgabe wie die Weichmacher. Sie erhöhen die Reißfestigkeit, die Abriebfestigkeit und erniedrigen die Reißdehnung. Sie senken die Produktions- und damit die Materialkosten. So werden den Autoreifen Ruß beigemischt. Silicagel setzt man den Silikonen zu, um deren mechanische Eigenschaften zu verbessern. Durch den Zusatz von Glas- oder Kohlefasern zu Polyesterharzen übertrifft die Reißfestigkeit der glasfaserverstärkten Kunststoffe (GFK) die von Stahl.

Stabilisatoren:

Stabilisatoren sollen bei der thermischen Verarbeitung oder bei der Sterilisation durch γ-Strahlung eine Depolymerisation verhindern. So wird dem PVC bis zu 1% Stabilisator beigemischt.

Antioxidantien:

Sie sollen eine Zerstörung des Kunststoffs (Depolymerisation) oder ein Vergilben von z.B. Textilfasern durch den Luftsauerstoff verhindern.

UV-Licht-Stabilisatoren:

Sie schützen das Polymer vor energiereicher Strahlung. Auch durch den UV-Anteil des Sonnenlichts kann eine Depolymerisation oder eine Versprödung einsetzen.

Pigmente:

Sie verbessern das Aussehen oder verleihen dem Endprodukt eine gewünschte Färbung. Sie kaschieren aber auch ein unerwünschtes Vergilben.

Polymerisationshilfsstoffe:

Hierzu zählen die bereits erwähnten Initiatoren bzw. Katalysatoren und eventuell verwendete Beschleuniger.

Hilfsstoffe für die Herstellung des Polymerisats:

Hierzu zählen, abhängig vom Polymerisationsverfahren, unter Umständen Emulgatoren und Regler.

All diese Hilfsstoffe sind niedermolekulare Substanzen. Sie sind zum Teil unverzichtbar und auch für technische Anwendungsbereiche durchaus tolerabel. Bei einer medizinischen Anwendung können durch diese niedermolekularen Substanzen jedoch Komplikationen auftreten. Sie werden unter Umständen vom Blutstrom aufgenommen und in alle Teile des Organismus' geschwemmt und führen zu Belastungen des Patienten wie Vergiftungen, Krebs, Allergien, Stoffwechselstörungen, Leberschäden oder Okklusionen im Kapillargefäßbereich. Die Auswirkungen sind zum Teil noch unbekannt oder noch nicht genügend erforscht. Es wäre von größtem Vorteil, wenn beispielsweise der Hersteller medizinischer Kunststoffartikel solche niedermolekularen Hilfsstoffe in Art und Menge deklarieren müsste (Analogie zu Pharmazeutika), damit negative Reaktionen des Patienten eventuell mit den Hilfsstoffen in Verbindung gebracht werden können.

Während die Polymere in der Regel als unbedenklich gelten, weil die Makromoleküle selbst biologisch nicht verfügbar sind, stellen diese niedermolekularen Hilfsstoffe zusammen mit den Restmonomeren oder Oligomeren Risikofaktoren dar.

21.1.2 Duromere (Duroplaste):

Duromere sind im Gegensatz zu den Thermoplasten nicht mehr in der Wärme verformbar. Sie sind unschmelzbar und unlöslich. Hohe thermische Belastungen zerstören sie. Sie haben eine vernetzte Molekülstruktur. Ihre Verarbeitung erfolgt spanabhebend z. B. auf Drehbänken. Oder die Monomere oder Vorpolymerisate werden zusammen mit Initiatoren und Beschleunigern in Formen gegossen und härten aus.

Beispiele: Bakelit, Resopal, Epoxidharze, vernetzte Polyester, Melamin- und Harnstoffharze, vernetzte Polyurethane (z.B. Polyurethanschaum, Gießmasse für die Kapillaren in Dialysatoren oder Oxigenatoren), hochwertige Zweikomponenten-Lacke, Silikone.

21.1.3 Elastomere:

Elastomere sind gummielastische Stoffe. Sie sind reversibel dehnbar. Ihre Eigenschaften liegen zwischen denen der Thermoplaste und denen der Duroplaste. Sie sind in der Wärme meist nicht mehr verformbar und sie lassen sich nicht mehr schmelzen. Sie lösen sich nicht mehr, sie quellen aber in bestimmten Lösungsmitteln. Sie bestehen aus langen, schwach miteinander vernetzten Molekülketten.

Beispiele: Synthese- und Naturkautschuk, Silikone und einige Polyurethane (Polyurethan-Elastomere für Blutpumpen).

21.1.4 Abgewandelte (modifizierte) Naturstoffe:

Das Basispolymer ist ein Naturstoff wie z.B. Cellulose oder das Milchprotein. Dieser Naturstoff wird in polymeranalogen Reaktionen peripher verändert, wobei die Polymerkette weitgehend unangetastet bleibt.

Beispiele: Cellophan, Cuprophan, Acetylcellulose, Nitrocellulose, Kunsthorn.

21.1.5 Gießharze:

Die Gießharze stellen im allgemeinen keine besondere Stoffklasse dar. Sie müssen den Duroplasten zugeordnet werden. Meist sind dies so genannte Zweikomponenten-Systeme. Zunächst getrennt aufbewahrte Monomere oder Vorpolymerisate werden homogen miteinander vermischt, mit Initiatoren oder Katalysatoren und Beschleunigern versetzt und bei erhöhter Temperatur ausgehärtet. Es gibt aber auch RTV-Systeme die bei Normaltemperatur aushärten.

Manche Silikontypen härten in Gegenwart von Luftfeuchtigkeit bei Zimmertemperatur aus.

Beispiele: hochwertige Klebstoffe, Lacke, Überzüge, glasfaser-verstärkte Polyester, Epoxidharze, zweikomponenten Polyurethane.

22. Biomaterialien als Blut-Kontakt-Werkstoffe für künstliche Organe.

22.1 Definition

Unter dem Begriff "Biomaterialien" versteht man Werkstoffe, die kurzfristig oder für einen längeren Zeitraum in den Kontakt mit lebendem Zellgewebe, Blut oder anderen Körperflüssigkeiten gelangen. Solche Werkstoffe sind entweder vollsynthetische Kunststoffe oder halbsynthetische, d.h. modifizierte polymere Naturstoffe, wie z.B. Cellulose. Neben diesen ihrer Natur nach polymeren Verbindungen finden für spezielle Anwendungsgebiete aber auch metallische und keramische Werkstoffe Verwendung.

Im Folgenden wird ausschließlich auf das Verhalten, die Eigenschaften und die Erprobung von Kunststoffen im Kontakt mit Blut bzw. Blutinhaltsstoffen eingegangen. Daneben gibt es das große Gebiet der polymeren, metallischen und keramischen Werkstoffe für den Knochen- und Gelenkersatz sowie für den Dentalbereich. Die Problematik im Hinblick auf den Einsatz solcher künstlichen Materialien in der Medizin ist in beiden Fällen vielfach identisch. Der folgende Abschnitt beschränkt sich allerdings auf die Wechselwiorkung von Polymeren mit Blut und dem weichen Körpergewebe.

Einen Eindruck über die jährlichen Produktionszahlen für aus solchen Materialien industriell gefertigte Produkte in den USA soll die Tabelle 1 vermitteln.

Tabelle 1: Jahresproduktionszahlen einiger künstlicher Organe in den USA (von P.M. Galletti)	
Blut-Oxigenatoren	310 000
Künstl. Blutgefäßprothesen	150 000
Herzschrittmacher	140 000
Künstl. Herzklappen	70 000
Hüftgelenk-Prothesen	120 000
Brust Prothesen	105 000
Implantierbare Augenlinsen	280 000
Künstliche Nieren (Dialysatoren)	6 500 000
Blutführende Schläuche (PVC) (Bundesrepublik Deutschland	ca. 1000 km/Tag

22.2 Anforderungen an medizinische Kunststoffe

Die Werkstoffe für die medizinischen Anwendungsbereiche müssen über eine Reihe von Qualitätsmerkmalen verfügen, die zum Teil neuartig sind und Anforderungen für so manche technische Bauteile bei weitem übertreffen. Die Einhaltung dieser strengen Qualitätskriterien soll Schaden vom Patienten abwenden und eine möglichst erfolgreiche Therapie gewährleisten. Allgemeine Richtlinien zur Herstellung von medizinischen Kunststoffartikeln und zu deren sachgerechten Behandlung und Verwendung sind von der WHO in den sogenannten "GMP-Rules" (Good Material/Manufacturing Practices) erlassen worden.

Im Folgenden werden eine Reihe zusätzlicher und diese sehr allgemein gehaltenen Richtlinien übersteigende Anforderungen genannt. Sie beziehen sich speziell auf die notwendigen Eigenschaften für Kunststoffoberflächen, die in den Kontakt mit Blut gelangen sollen.

22.2.1 Forderung nach Biofunktionalität

Selbstverständlich soll ein medizinisches Gerät oder eine Prothese die therapeutischen Erfordernisse erfüllen. So muß beispielsweise ein Oxygenator oder ein Dialysator den notwendigen Stofftransport durch die Austauschmembran gewährleisten. Infusionsschläuche dürfen pharmazeutische Wirkstoffe nicht durch Absorption zurückhalten. Es ist bekannt, daß Infusionsschläuche aus PVC oder Polyurethan Wirkstoffe wie Nitroglycerin, Diazepam oder Insulin sehr lange zurückhalten oder zumindest die für die Behandlung notwendige Wirkstoffkonzentration herabsetzen, was für den Patienten dramatische Konsequenzen haben kann. Schläuche aus Polyethylen oder Kautschuk adsorbieren diese Wirkstoffe dagegen nicht. In Kapitel 24 wird zu diesem Phänomen ausführlich Stellung genommen.

22.2.2 Forderung nach Ungiftigkeit

Eine Fremdoberfläche im Kontakt mit Blut darf keinesfalls eine akute oder chronisch toxische, mutagene, karzinogene und möglichst auch keine allergische Reaktion des Gesamtorganismus oder einzelner Organe hervorrufen. Diese Forderung ist in einigen Fällen nicht erfüllt, wie die folgenden Beispiele verdeutlichen.

Ein Kunststoffmaterial ist, wie bereits erwähnt, in der Regel keine reine einheitliche Substanz; es ist stets ein Substanzgemisch, das neben der polymeren Grundsubstanz eine Vielzahl von Zusatzstoffen (Additive) enthält. Diese Hilfsstoffe werden bei der Herstellung (Polymerisations-Initiatoren und Katalysatoren) und der Verarbeitung (Gleitmittel, Stabilisatoren) benötigt; weitere Hilfsstoffe schützen den Werkstoff vor zerstörenden Umwelteinflüssen (Antioxidantien, UV-Licht-Stabilisatoren, Pigmente) und sie erlauben, die mechanischen Eigenschaften des Basismaterials durch einfaches Zumischen in weiten Grenzen zu variieren (Weichmacher und Füllstoffe).

Selbst das eigentliche Polymerisat ist im chemischen Sinne kein "Reiner Stoff", denn es verfügt über keine einheitliche Molmasse.

Vielmehr ist es in sich ebenfalls ein Substanzgemisch aus Polymerketten unterschiedlicher Länge. Ein Polymerisat besitzt demnach herstellungsbedingt eine gewisse Molmassenverteilung. Während die sehr langen Polymerketten wegen ihrer schweren Löslichkeit und Unbeweglichkeit als biologisch nicht verfügbar gelten, sind die kurzen Polymerketten, die Oligomere, unter Umständen löslich und damit potentiell physiologisch bedenklich. Sie werden vom Blut aufgenommen, fortgeschwemmt und können zu Organschäden führen. Zwei Polymer-Chargen mit gleicher mittlerer Molmasse können durchaus unterschiedliche Molmassenverteilungen aufweisen.

Migration und Leaching gilt in noch viel höherem Maße für die durchweg niedermolekularen Begleitstoffe. Für medizinische Kunststoffe sollte nach Möglichkeit auf den Zusatz solcher Hilfsstoffe verzichtet werden. Dies ist aber in der Praxis aus technischen aber zum Teil auch aus rein ökonomischen Gründen nicht realisierbar. Es sei hier nur an die über Jahre hinweg andauernde Diskussion zur Weichmacherproblematik im PVC erinnert. Auch der Deutsche Bundestag befasste sich in einer aktuellen Fragestunde am 21. Januar 1988 mit den möglichen Gefahren, die von gewissen PVC-Weichmacher-Typen ausgehen können. Auch die EU-Kommission weist etwa zehn Jahre später vorsorglich auf die potentiellen Gefahren hin, die von bestimmten Weichmachertypen in Kinderspielzeug aus PVC ausgehen können, obwohl der tatsächliche Beweis für deren Bedenklichkeit noch nicht eindeutig erbracht ist.

Polyvinylchlorid (PVC) ist einer der am weitest verbreiteten Kunststoffe unserer Zeit. Der wesentliche Grund hierfür ist die äußerst kostengünstige Herstellung und Verarbeitung dieses Werkstoffs. Auch innerhalb der medizinischen Kunststoffe nimmt das PVC die erste Stelle ein. Im Jahr 2001 wurden in Westeuropa etwa 45000 Tonnen PVC zu medizinischen Einmalartikeln verarbeitet. Allein die Firma Rehau, Europas größtes Kunststoffverarbeitungsunternehmen produziert täglich über 1000 km medizinischen PVC-Schlauch.

Grundsätzlich kann bei PVC auf den Zusatz von Weichmachern nicht verzichten werden. Reines PVC ist ein sprödes Pulver, das für keinerlei Anwendung brauchbar ist. Erst der Zusatz von bis zu 40% Weichmacher verleiht PVC-Artikeln ihre elastischen, geschmeidigen Eigenschaften.

Der am meisten verwendete Weichmacher für PVC ist das DOP oder korrekt das DEHP (Di-(2-ethylhexyl) phthalat). DEHP steht unter dem Verdacht, Leber und Nieren zu schädigen und Krebs zu erzeugen. Bei einer ganzen Reihe von medizinischen Anwendungen, wie z.B. Lagerung und Infusion von ausschließlich wäßrigen Medien (Elektrolyt- oder Glucose-Lösungen) ist dieser Weichmacher aber wegen der geringen Löslichkeit völlig ungefährlich. Lange oder wiederholte Kontaktzeiten mit Geweben und fetthaltigen Lösungen, Ernährungssonden auch Blut führen aber zu Weichmacher-auswascheffekten (Migration). Während einer einzigen Dialysebehandlung gelangen dabei bis zu 100 mg DEHP-Weichmacher in den Patienten. Es gibt nierenkranke Patienten, die sich bis zu dreimal pro Woche einer Dialysebehandlung unterziehen müssen. Es ist leicht nachzuvollziehen, in welcher Weise hier der Patient geradezu mit Weichmachersubstanz überschwemmt wird.

Seit 1984 sind daher sogenannte no-DOP-PVC-Schläuche auf dem Markt. Sie enthalten TEHTM (Tri-(2-ethylhexyl)trimellitat) als weich-machende Substanz. Diese Verbindung ist nachweislich wesentlich geringer toxisch als das DEHP. Darüber hinaus verfügt das sperrigere TEHTM über nur 0,1% der Migrationsrate im Vergleich zum DEHP. Das potentielle Folgerisiko für Dialyse-Patienten ist dadurch entscheidend vermindert.

Natürlich gibt es noch bessere, vollkommen weichmacherfreie Schlauchmaterialien. Zum Beispiel sind Kautschukschläuche hervorragend elastisch; ihre Blutverträglichkeit dagegen ist im Vergleich zum no-DOP-PVC extrem schlecht. Schläuche aus EVA (Copolymerisat aus Ethylen und Vinylacetat) sind recht gut blutverträglich, sie sind aber zu steif, so daß dies leicht zu Verletzungen beim Patienten führen kann. Beachtenswert ist die

Eigenschaftskombination bei Schläuchen aus Polyurethan: sie sind elastisch, sehr gut blutverträglich und weichmacherfrei. Ihr Preis übertrifft aber den der PVC-Schläuche um das hundertfache, ein Kostenfaktor, der von den Krankenversicherungen für die große Zahl an nierenkranken Patienten nicht mehr getragen werden kann. Doch mittlerweile gibt es Schlauchmaterialien aus Synthesekautschuk, die innenwandig mit einer dünnen Schicht aus blutverträglichem Polyurethan ausgekleidet sind.

Für die Fabrikation von künstlichen Blutpumpen für die temporäre extrakorporale Herzunterstützung wird ein Polyurethan-Elastomer verwendet. Hilfsstoffe und niedermolekulare Anteile werden zuvor aus dem Rohgranulat durch Extraktion entfernt.

22.2.3 Forderung nach mechanischer Festigkeit und Dauerfestigkeit

Das Kunststoffmaterial für mechanisch belastete implantierbare Prothesen aber auch für extrakorporal verwendete Schlauch- oder Stoffaustauschsysteme (Oxigenatoren, Dialysatoren, pulsatile Pumpen u.a.) müssen grundsätzlich den mechanischen Anforderungen genügen. Mechanisches Versagen bei implantierten Prothesen wird sehr ernste Folgen für den Patienten haben. Plötzlich auftretende Risse in einer Gefäßprothese, das Brechen einer künstlichen Herzklappe oder Undichtigkeiten in der Membran einer implantierten Blutpumpe können den Tod des Patienten bedeuten.

In der Technik werden Bauteile, die hohen mechanischen Belastungen ausgesetzt sind, rechtzeitig ausgewechselt, um einen Totalausfall des gesamten Systems zu verhindern. Gerade dies will man bei Implantaten möglichst vermeiden, weil sie den Patienten den zusätzlichen Risiken einer Reoperation aussetzen. Von Gefäßprothesen, Herzklappen, Herzschrittmachern oder ähnlichen Prothesen wird daher erwartet, daß sie wenigstens zehn Jahre oder gar für den Rest des Lebens des Patienten störungsfrei und ohne Werkstoffermüdung ihren Dienst versehen. Diese "Standzeiten" übertreffen oft die in der Technik geforderten Zeiträume.

Auch Schlauchmaterialien in Rollerpumpen sollen ohne Werkstoffversagen über einige Stunden die Lastwechsel während der Blutförderung bei der extrakorporalen Oxigenierung oder Dialyse überstehen.

Nach dem heutigen Wissensstand scheinen einige Polyetherurethan-Elastomere die geeigneten Werkstoffe mit einer recht hohen Dauerbelastbarkeit für den Blutpumpenbau zu sein. Herzschrittmacherelektroden sind, bedingt durch die Pulsation des Herzens, einer Wechselbiegebeanspruchung ausgesetzt. Die isolierende Ummantelung der Elektrode darf keinesfalls brüchig oder durchlässig werden, was zu Fehlstimulationen des Herzens führt.

Künstliche Gefäßprothesen sollen möglichst über die gleiche "Compliance" wie das benachbarte natürliche Gefäßsystem verfügen. Unter "Compliance" versteht man die Elastizität bzw. die Nachgiebigkeit einer Prothese, die die störungsfreie Weitergabe der Druckwellen, verursacht durch die Pulsation des Herzens erlaubt. Es wird vermutet, daß eine Änderung der Compliance beim Übergang von der natürlichen zur künstlichen Gefäßwand verantwortlich für die Entstehung von Mikrothromben ist. Der mathematische Ausdruck für die "Compliance" ist:

$$C = \Delta V / \Delta p \ \ [ml/kPa]$$

wobei ΔV die Volumenzunahme, die Expansion der Gefäßprothese bedeutet, wenn auf sie ein Druck Δp ausgeübt wird.

Als ungefährer Richtwert für die Compliance bei Gefäßprothesen mag der bei 100 mmHg oder 13,33 kPa gemessene Zahlenwert dienen:

$$12.7 \pm 2.0 \times 10^{-2} \ \ [\% \ /mm \ Hg]$$

Aber auch noch andere mechanische Eigenschaften sind gerade bei künstlichen Gefäßprothesen von Bedeutung: Knickstabilität, Nadel- oder Fadenausreißfestigkeit und die Porosität.

22.2.4 Forderung nach Blutverträglichkeit

Die mangelhafte Blutverträglichkeit von künstlichen Oberflächen stellt wohl das größte und bis heute nicht befriedigend gelöste Problem bei der Anwendung von Kunststoffen im Kontakt mit Blut dar. Die Forderung nach Blutverträglichkeit (Antithrombogenität) beinhaltet, daß an der Fremdoberfläche der natürliche Gerinnungsvorgang des Blutes möglichst nicht ausgelöst werden soll. Blutgerinnsel (Thromben) können beispielsweise zum vollständigen Verschluß (Okklusion) einer kleinkalibrigen Gefäßprothese führen. Werden Thromben vom Blutstrom mitgerissen, verursachen sie in prothesenfernen Organen Infarkte. Trotz intensiver weltweiter Forschungsaktivitäten gibt es bisher die befriedigend antithrombogene Kunststoffoberfläche nicht. Man verfügt lediglich über eine Reihe von Methoden, die thrombogenen Eigenschaften von Kunststoffen etwas zu verbessern. In der klinischen Praxis behandelt man Patienten, deren Blut temporär oder permanent in den Kontakt mit Fremdoberflächen gelangt, zur Vermeidung von Thrombosen mit so genannten Antikoagulantien. Am gebräuchlichsten sind Heparin, Cumarin, Aspirin, Prostacyclin, Trasylol® (Aprotinin) und neuerdings Hirudin. Wegen des erhöhten Risikos durch Blutungen nach chirurgischen Eingriffen oder womöglichen Allergien gegenüber dem Antikoagulanz ist man bestrebt, die Dosis des Wirkstoffs möglichst gering zu halten. Dies ist aber nur möglich, wenn die Fremdoberfläche über recht gute antithrombogene Eigenschaften verfügt.

Die Wechselwirkung des Blutes mit der Fremdoberfläche ist so vielschichtig und komplex, daß es bisher nur in Ansätzen gelungen ist, das Phänomen der oberflächeninduzierten Blutgerinnung in einer umfassenden und allgemein anerkannten Theorie zu beschreiben. Es gilt als gesichert, daß eine Kunststoffoberfläche im Kontakt mit Blut innerhalb weniger Sekunden Blutproteine adsorbiert. Im weiteren Verlauf ändert sich die Zusammensetzung der adsorbierten Proteinschicht, bis sich oftmals erst nach Stunden ein dynamisches Gleichgewicht von Adsorption und Desorption eingestellt hat (Vroman-Effekt). Dabei entscheidet die chemische Zusammensetzung der Blutkontaktoberfläche, welche der verschiedenen Blutproteine adsorbiert werden und ob und in welcher Weise, diese in ihrer Konformation d. h. in ihrer räumlichen Struktur verändert werden. Die adsorbierten Proteinmengen sind sehr gering; sie liegen in der Größenordnung von $10^{-9} - 10^{-6}$ g/cm². Es bedarf daher hochempfindlicher und spezifischer Analysenverfahren, um diese geringen - Substanzmengen zuverlässig und selektiv nachzuweisen.

Eine Fremdoberfläche adsorbiert vorzugsweise diejenigen Proteine, deren Konzentration im Blut relativ hoch ist:

Albumin (4.5 g/100ml),

Fibriniogen (0.3 g/100ml)

Immunoglobuline (2.5 g/100ml).

Die Zusammensetzung der adsorbierten Proteinschicht ist von ausschlaggebender Bedeutung für die weitere Thrombenbildung, denn sie entscheidet über das zweite wichtige Ereignis in der Thrombogenese: das Anhaften der Blutplättchen (Thrombozytenadhäsion). So verhindert eine reine Albuminschicht die Thrombozytenadhäsion, während Fibriniogen sie sehr stark fördert und Immunoglobuline die Sekretion gerinnungsaktiver Substanzen aus den Plättchen bewirkt.

Aus der Kenntnis dieser Zusammenhänge formulierte *D.J. Lyman* zunächst die Theorie, daß eine Fremdoberfläche mit einer hohen spezifischen Affinität gegenüber Albumin antithrombogen sein muß; dagegen ist die Thrombenentstehung bei einer hohen Affinität gegenüber Fibrinogen bzw. den Globulinen begünstigt.

Weiterführende Untersuchungen zeigten jedoch, daß die Aussage dieser Hypothese zur Beurteilung der Thrombogenität einer Blutkontaktoberfläche allein nicht ausreicht. Dem Primärschritt der Adsorption folgt eine Konformationsänderung des Proteinmoleküls. In diesem Folgeschritt werden aktive Zentren im Molekül freigelegt, die die Thrombozytenadhäsion erlauben oder die Gerinnungskaskade initiieren. Denn bleibt diese Konformationsänderung aufgrund der chemischen Oberflächenstruktur des Kunststoffs aus, so können selbst bei einer hohen Affinität gegenüber dem Fibrinogen recht günstige antithrombogene Eigenschaften vorliegen. Fibrinogen (Gerinnungsfaktor I) polymerisiert in Gegenwart des Enzyms Thrombin und Calcium-Ionen zu unlöslichem Fibrin.

Das außerordentlich aktive Gerinnungsenzym Thrombin nimmt durch seine vielfältigen Funktionen eine zentrale Stellung im gesamten Gerinnungsablauf ein. Im Plasma liegt es in einer zunächst inaktiven Form, dem Prothrombin, vor. Über einen komplexen Stufenmechanismus wird Prothrombin in die aktive Form überführt. Diese stufenweise Aktivierung beginnt mit der Adsorption des kontaktsensiblen Gerinnungsfaktor XII (Hagemann-Faktor) an der Fremdoberfläche. Die Adsorption geht mit einer Konformationsänderung des Proteinmoleküls einher, wobei aktive Zentren im Molekül freigelegt werden. Ein vereinfachtes Fließschema soll die Vorgänge der oberflächeninduzierten Thrombogenese, insbesondere das Zusammenwirken der plasmatischen und zellulären Komponenten, veranschaulichen (Abb. 31). In Wirklichkeit sind die einzelnen Schritte weit komplexer und verflochtener als hier dargestellt.

Die sogenannte *"Calcifizierung"* von Prothesenoberflächen ist eine Spätfolge der Thrombenbildung und steht in engem Zusammenhang mit einer mangelhaften Blutverträglichkeit des Werkstoffs. Mineralische Ablagerungen von Calciumcarbonat und dessen Folgeprodukt Calcium-Hydroxy-Apatit finden sich auf degenerierten Proteinschichten und Zelltrümmern. In diesem degenerierten biologischen Material entsteht die ungewöhnliche Aminosäure Amino-Malonsäure (AMA), die eine hohe Bindungskapazität gegenüber Ca-Ionen besitzt. Auch Areale mit hoher mechanischer Beanspruchung sind bevorzugte Ansiedlungsorte für Calciumsalze. Zwar sind Wirkstoffe zur Unterbindung der Mineralisierung bekannt; sie sollten jedoch nur in unmittelbarer Umgebung des gefährdeten Bezirks eingesetzt werden, um globale Störungen des Calcium-Stoffwechsels im Gesamtorganismus zu unterbinden.

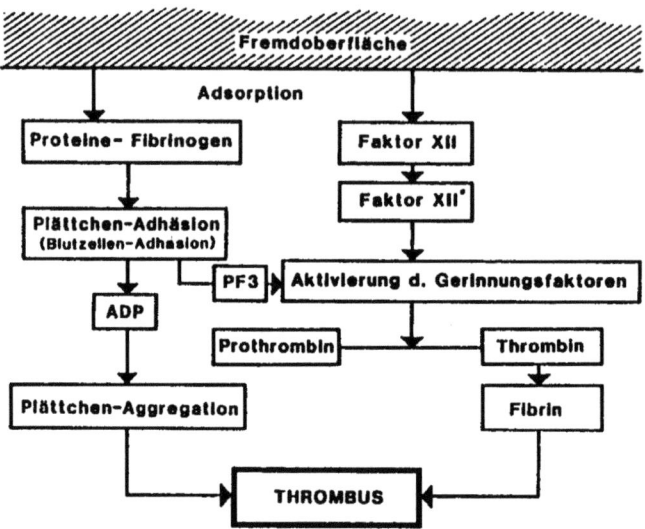

Abb. 31: Vereinfachte Darstellung der oberflächeninduzierten Blutgerinnung (ADP = Adenosin-Diphosphat).

Trotz der offensichtlichen Schlüsselstellung der Proteinadsorption haben die zahllosen weltweiten Forschungsaktivitäten gerade auf diesem Gebiet zu keiner Klärung der noch offenen Fragen zur oberflächeninduzierten Blutgerinnung geführt. Schien es doch, dass man über eine Steuerung der Adsorptionsvorgänge durch die Chemie an der Grenzfläche Blut-Kunststoff auf die Entwicklung der ideal blutverträglichen Oberfläche hätte Einfluß nehmen können.

Dennoch hat es seitens der Materialentwickler und -verarbeiter beachtenswerte Fortschritte im Hinblick auf verbesserte Blutkontakteigenschaften der Werkstoffe gegeben. Grundsätzlich sind solche Verbesserungen nach den folgenden fünf Vorgehensweisen realisierbar:

- Materialauswahl
- Verarbeitungstechnik
- Zugabe von Additiven (Rezeptur)
- Beschichtungen mit hämokompatiblen Substanzen, Polymeren oder Polymermischungen
- Funktionalisierung mit biochemisch aktiven Wirkstoffen oder Zellen.
- physikalische Oberflächenmodifizierungen

Materialauswahl:

Verschiedene Werkstoffoberflächen wirken sich unterschiedlich auf die Schädigung der Blutplättchen aus (Abb. 32). Diese Werte wurden nach einer *in-vitro* Methode ermittelt. Der angestrebte Idealwert wäre 1.00, d.h. die Thrombozyten würden nicht geschädigt. Die Polypropylen-Oberfläche schädigt die Thrombozyten erheblich, während das Polyurethan in diesem Vergleich als das beste Material hervorgeht. Auch das no-DOP-PVC mit Tri-(2-ethylhexyl)-trimellitat als weichmachende Substanz zeigt im Vergleich zum traditionellen PVC deutlich verbesserte antithrombogene Eigenschaften.

Auch bei der Synthese polymerer Werkstoffe läßt sich bereits durch die Auswahl geeigneter Ausgangskomponenten die Blutverträglichkeit der Materialoberfläche positiv beeinflussen. Besonders eindrucksvoll gelang das bei der Synthese segmentierter Polyether-Urethane. Allerdings mußte die verbesserte Blutverträglichkeit mit einer erheblichen Verschlechterung der mechanischen Festigkeit erkauft werden.

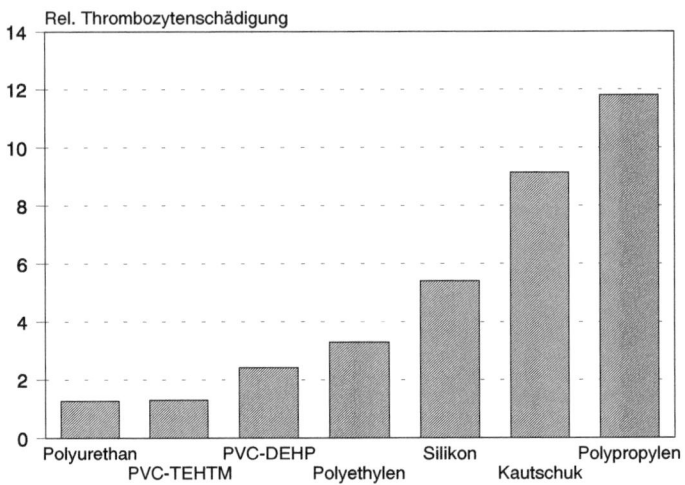

Abb. 32: Relative Thrombozytenschädigung durch verschiedene Materialoberflächen.

Verarbeitungstechnik:

Neben der chemischen Zusammensetzung hat auch die physikalische Oberflächenstruktur des Blutkontaktmaterials einen bedeutenden Einfluß auf die Entstehung thrombotischer Ablagerungen. Eine rauhe Oberfläche schädigt die Thrombozyten und initiiert dadurch die Thrombogenese weit mehr als eine makellos glatte Oberfläche. Silikonschläuchen werden zur Verbesserung ihrer mechanischen Eigenschaften Füllstoffe zugesetzt. Diese Partikel bewirken eine Aufrauhung der Oberfläche. Überzieht man aber während der Herstellung die Kontaktoberfläche mit einer füllstofffreien (fillerfree) Silikonschicht, so verbessert sich die Blutverträglichkeit erheblich. Durch ein aufwendigeres und daher nur im Einzelfall praktikables Verfahren der Beschichtung mit einer Silikonlösung läßt sich dieser Effekt noch weiter steigern (Abb. 33).

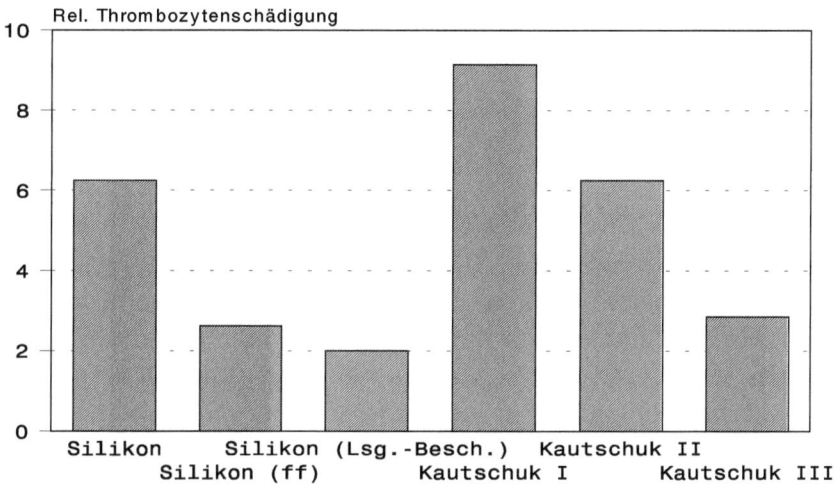

Abb. 33: Relative Thrombozytenschädigung durch unterschiedliche Oberflächenbeschaffenheit.

Die ebenfalls in der Abbildung 33 gegenübergestellten SRT-Kautschuk-Typen sind chemisch völlig identisch; es sind thermoplastische Poly-(1.2)Butadiene. Sie unterscheiden sich lediglich in ihren kristallinen Anteilen, in ihrer Härte (Shore-Härte). Die weichere Variante verhält sich weniger schädigend als die harte.

Allerdings eine Ausnahme machen bei dieser Betrachtungsweise die scheinbar vollkommen antithrombogenen mikroporösen Gefäßprothesen aus Polyethylenterephthalat (Dacron®) oder Teflon (Gore-Tex®, Impra-Graft®). In Wirklichkeit sind sie aber zumindest in der Initialphase hochgradig thrombogen. Durch ihre porige Struktur bleiben bei erstem Blutkontakt Fibrinogen und Thrombozyten haften. Die sich in der Folge ausbildende Fibrinschicht verhindert einen weiteren direkten Kontakt von Blut und Prothesenwerkstoff. Im Verlauf von etwa 4 - 6 Wochen entsteht eine Pseudo-Neointima, die das Fibrin ersetzt. Der Blut-Kunststoff-Kontakt ist auf Dauer unterbunden. Dieses scheinbar ideale Konzept versagt leider bei Gefäßprothesen mit einem inneren Durchmesser von weniger als 4 bis

5 mm. Ein unkontrollierbares Wachstum der Neointima begrenzt die Durchgängigkeit derartiger Prothesen. Auch starre Prothesen (Herzklappenhalterungen, Blutpumpengehäuse) aus Sintermetallkugeln einer Titan-Aluminium-Vanadium-Legierung fördern durch ihre porige Struktur die Ausbildung einer Pseudo-Neointima.

Zugabe von Additiven (Rezeptur):

Die Zugabe entsprechender Additive bei der Verarbeitung potentieller Blutkontaktwerkstoffe eröffnet eine schier unbegrenzte Variabilität bei der Entwicklung blutverträglicher Oberflächen. Wegen der enormen verfahrenstechnischen und ökonomischen Vorteile ist dieses Konzept besonders gut auf die Produktion medizinischer Massenartikel wie Schläuche, Katheter, Filter u.ä. anwendbar. Einige besonders vorteilhafte Beispiele seien an dieser Stelle vorgestellt, gleichsam stellvertretend für die große Zahl bereits hergestellter und untersuchter Rezepturen.

Die Wahl des alternativen Weichmachers TEHTM (Tri-(2-ethylhexyl)-trimellitat) brachte beim PVC nicht nur, wie bereits erwähnt, eine entscheidende Verbesserung im Hinblick auf die Weichmachermigration; auch die Schädigung der Thrombozyten ist im Vergleich zum traditionellen PVC deutlich vermindert. Auch die Beimischung von Polyethylenglykolen (PEG), das sind hydrophile Polyether, erwies sich als vorteilhaft. Allerdings sind diese Verbindungen wasserlöslich, werden also auch vom Blut gelöst. Bei der Sterilisation mit γ-Strahlung werden Polyethylenglykole jedoch untereinander vernetzt und verlieren dadurch ihre Löslichkeit.

In der Kombination von Polyethylenglykolen (PEG) mit Polydimethyl-siloxanen (PDMS = Silikone), das sind stark hydrophobe Verbindungen, läßt sich der positive Effekt weiter steigern. Auch grenzflächenaktive Substanzen (Detergenzien) wie Fettalkoholsulfonate verbessern als Additiv die Blutkontakteigenschaften eines Basis-PVC.

Selbst Acetyl-Salicylsäure, das Antikoagulanz Aspirin, verfügt über genügend thermische Stabilität, daß es sich als Additiv bei der Extrusion von Schläuchen problemlos mit verarbeiten läßt.

Andere bekannte Antikoagulantien wie Heparin, Hirudin oder Aprotinin sind leider zu empfindliche Verbindungen, so dass sie die thermische Belastung bei der Extrusion nicht überstehen. Wegen ihrer hohen spezifischen Wirksamkeit in Bezug einer Inhibierung der oberflächeninduzierten Blutgerinnung sind sie von größtem Interesse, sie müssen aber nach anderen Verfahren an der Oberfläche fixiert werden.

Weniger bekannt ist die antikoagulierende Wirkung der Lanthaniden-Metalle (Seltene Erden), insbesondere die der Neodym(III)-Ionen. Auch deren biochemischer Wirkungs-mechanismus ist noch weitgehend ungeklärt. In der Verbindung als Neodym-Stearat ist auch dieses Antikoagulanz mühelos auf thermischem Wege verarbeitbar.

In diesem Zusammenhang sollen auch solche Additive erwähnt werden, die zunächst keine verbessernde Auswirkung auf die Blutverträglichkeit haben. Sie verfügen aber über funktionelle End-gruppen, die es in einem Sekundärschritt erlauben, beispielsweise durch eine einfache Injektion, hochwirksame Antikoagulantien (Heparin, Hirudin, oder Aprotinin) lokal an der Fremdoberfläche zu binden. Dieses Konzept ist jedoch gegenwärtig experimentell noch nicht bestätigt.

Beschichtungen mit hämokompatiblen Polymeren oder Polymer-mischungen:

Wegen des höheren experimentellen Aufwandes, vielfacher verfahrenstechnischer Probleme und der damit verbundenen geringen Wirtschaftlichkeit sind die im folgenden beschriebenen Techniken, d.h. die Beschichtung eines Trägermaterials mit einer Polymerlösung für eine Großproduktion ungeeignet. Die erzielten Ergebnisse sind aber so ermutigend, dass diese Vorgehensweise durchaus für hochspezialisierte Kleinserien ihre Daseinsberechtigung hat.

So werden beispielsweise Vorhofkanülen aus Silikon, wie sie für die temporäre extrakorporale Kreislaufunterstützung erforderlich sind, mit einem füllstofffreien Silikon-Prepolymer aus Lösung beschichtet und bereits kommerziell mit großem Erfolg vertrieben. Man kombiniert die angenehm empfundene Flexibilität des Silikons mit der recht guten Blutverträglichkeit aber unzulänglichen mechanischen Festigkeit des Silikon-Coatings.

Auch pulsatil arbeitende Blutpumpen aus Polyurethan erhalten als Blutkontaktoberfläche eine Beschichtung mit einer Polyurethan-Lösung. Makellos glatte, luftgetrocknete Oberflächen erweisen sich im Blutkontakt als besonders vorteilhaft.

Das derzeit beste Coating für Polyurethane besteht aus einer Polyurethan-Lösung, der 5% eines löslichen Silikon-Prepolymer beigemischt ist. Beide an sich inkompatible Polymere sind in Lösung nur in bestimmten Konzentrationen stabil. Während des Trockenvorgangs entmischen sich die beiden Substanzen. Unter Einhaltung exakter Trockenbedingungen bilden sich sogenannte Patch-Polymer-Oberflächen, bei denen beide Polymere "flickenartig" angeordnet sind und deren Blutverträglichkeit bislang unübertroffen ist (Abb. 34). Auch hier muß man eine geringfügige Einbuße an mechanischer Festigkeit hinnehmen.

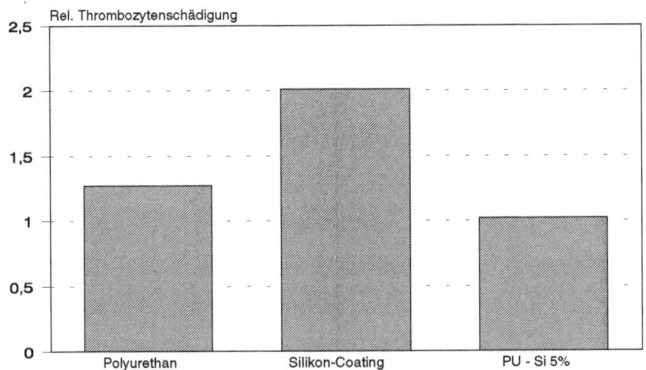

Abb. 34: Der Einfluß von Coatings auf die Blutverträglichkeit.

Funktionalisierung mit biochemisch aktiven Wirkstoffen:

Eine Reihe pharmazeutischer Wirkstoffe, die die Blutgerinnung hemmen (Antikoagulantien), wurden bereits genannt. Es ist naheliegend, deren Wirksamkeit lokal auf den Bereich des Blut-Kunststoff-Kontakts einzugrenzen, anstatt das gesamte Blut des Patienten ungerinnbar zu machen. Dazu müssen diese Substanzen auf chemischem Wege an der Fremdoberfläche fixiert, immobilisiert, werden. Diese pharmazeutischen Wirkstoffe unterliegen auch in oberflächenfixiertem Zustand einem biologischen Abbau. Ihre Abbaukinetik ist allerdings im Vergleich zur gelösten Substanz verzögert. Dennoch sind derart modifizierte Oberflächen nur zeitlich begrenzt wirksam. Ihr Einsatz empfiehlt sich daher über einen Zeitraum von nur wenigen Stunden bis einigen Tagen.

Lange Zeit war man ausschließlich daran interessiert, das Heparin an polymeren Oberflächen zu fixieren. In der Literatur sind über einhundert Fixierungsverfahren beschrieben. Die überwiegende Mehrzahl dieser Methoden ist wegen des hohen technischen Aufwandes nur für kleine Stückzahlen praktikabel. Auch so genannte oberflächenfixierte Albumin-Heparin-Konjugate werden als sehr wirksame antithrombogene Oberflächen beschrieben.

Aspirin, seit langem als Hemmstoff der Thrombozytenaggregation bekannt, ist nur dann wirksam, wenn es vom Thrombozyten aufgenommen werden kann. Dennoch verbessert es in immobilisierter Form die thrombogenen Eigenschaften von Oberflächen. Dieser Effekt beruht auf der hohen Affinität solcher Oberflächen gegenüber Albumin. Albumin mindert, wie bereits erwähnt, die Thrombozytenadhäsion.

Trasylol® (Aprotinin) ist ein basisches Polypeptid, das aus insgesamt 58 Aminosäuren besteht. Es hemmt eine Reihe von Gerinnungsfaktoren bereits in der Vorphase der Blutgerinnung. Überraschenderweise wurde der Möglichkeit, diese Substanz an der Oberfläche eines Blutkontaktwerkstoffs zu fixieren, wenig Beachtung geschenkt. Dabei läßt es sich auf sehr einfache Weise, d.h. durch einfache Injektion des handelsüblichen Präparats, an zahlreichen medizinisch interessanten Kunststoffoberflächen immobilisieren (Silikon, Polypropylen, Polyethylen, Cellulose, Kautschuk-Typen u.a.). Diese Materialien müssen zuvor ebenfalls auf sehr einfache Weise vorbehandelt werden, um den Wirkstoff zu binden. Die positive Auswirkung auf die Thrombozytenschädigung ist erstaunlich (Abb. 35), insbesondere bei dem recht thrombogenen Polypropylen. Blutfilter und die Membranen für die Plasmapherese sind aus diesem Werkstoff.

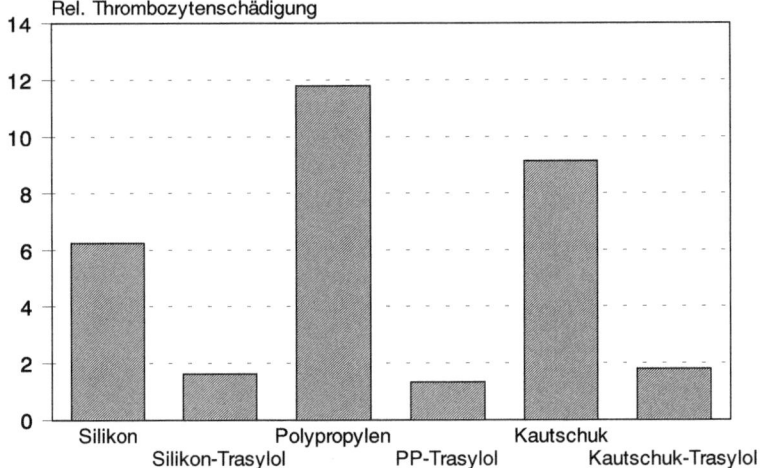

Abb. 35: Blutverträglichkeit von mit Trasylol® beschichteten Oberflächen.

Die bereits erwähnte blutgerinnungshemmende Wirkung von Neodym-Ionen ist zwar seit langem bekannt, wenn auch der Wirkungsmechanismus nur in soweit verstanden wird, daß Neodym-Ionen Proteine wie die Gerinnungsfaktoren VII, XI und Prothrombin reversibel bindet und damit inhibiert. Neodym läßt sich ebenfalls an entsprechend vorbereiteten Kunststoffoberflächen auf sehr einfache Weise aufbringen. Im Kontakt mit Blut wird es langsam abgegeben (Drug-Release-System). Die Wirkung ist demnach zeitlich begrenzt. Dennoch liegt der enorme Vorteil gerade dieser Oberflächen-modifizierung in deren Stabilität gegenüber extremen Temperaturen.

142

Es treten hier im Gegensatz zu den anderen Antikoagulantien keinerlei Probleme bei der Hitzesterilisation auf.

Besiedelung von Kunststoffoberflächen mit lebenden Zellen:

Die ideal blutverträgliche Oberfläche ist unbestritten die natürliche Gefäßwand in allen blutführenden Organen. Die dort angesiedelten Zellen sekretieren geeignete gerinnungshemmende Substanzen. Antikoagulantien, wie Heparin und Aprotinin werden aus den Lungen von Schlachttieren isoliert. Hirudin gewinnt man aus Blutegeln; neuerdings ist es gelungen, diesen Wirkstoff auf biotechnologischem Wege zu synthetisieren. Aufgrund dieser Zusammenhänge versucht man eine künstliche Oberfläche für den Blutkontakt so zu gestalten, dass sich *in-vivo* lebende Endothelzellen möglichst rasch an deren Oberfläche ansiedeln. Nur eine biologische Oberfläche mit ihrer Befähigung zur Regeneration vermag in geeigneter Weise mit ihrer Umgebung, dem Blut, in eine spezifische Wechselwirkung zu treten, damit eine Thrombenbildung unterbleibt. Der Fremdoberfläche verbleibt dann nur noch eine Art Trägerfunktion, ein direkter Blut-Kunststoff-Kontakt ist auf Dauer unterbunden. Dieser Ablauf ist, wie bereits erwähnt, bei den mikroporösen Gefäßprothesen annähernd realisiert; allerdings versagen Prothesen mit einem inneren Durchmesser von weniger als 4 - 5 mm.

Noch einen faszinierenden Schritt weiter geht das Konzept der Zellbesiedlung *in-vitro*, d.h. bereits vor der Implantation beschichtet man die Fremdoberfläche mit lebenden Zellen. Eine ganze Reihe von wichtigen Problemen müssen dabei beachtet und zum Teil noch experimentell gelöst werden. Bei der Zellbesiedlung dürfen nur autologe Endothelzellen verwendet werden, d.h. sie müssen zunächst beim späteren Empfänger "geerntet" werden. Im Folgeschritt müssen sie dann auf der Fremdoberfläche ausgesät werden; sie müssen an der Oberfläche fest anhaften und sich zu einer lückenlosen stabilen Schicht ausbreiten, ohne dabei abzusterben. All dies erfordert eine aufwendige Präparationstechnik: Sterilität muß in jedem Augenblick peinlich gewahrt bleiben, Fremdkontaminationen haben zu unterbleiben. Zudem ist derzeit das Zellwachstum noch recht langsam.

Neue noch zu entdeckende Wachstumsfaktoren könnten in Zukunft diesen Prozeß beschleunigen.

Auch die Trägeroberfläche muß zur Aufnahme des lebenden Zellmaterials entsprechend vorbereitet werden; sie soll eine hohe Affinität gegenüber den Endothelzellen besitzen und deren Anhaften und das Wachstum unterstützen. Diese Methode befindet sich heute noch mehr oder weniger in einem experimentellem Stadium, eine breite Anwendung blieb ihr wegen des hohen Aufwandes bislang versagt. Dennoch besteht kein Zweifel, dass gerade diese Forschungsrichtung eine hohe Priorität genießt.

Physikalische Oberflächenmodifizierungen:

Besonders eine physikalische Technik zur Modifizierung von Kunststoffoberflächen hat sehr starke Verbreitung gefunden und erfreut sich aufgrund einer ganzen Reihe von eindrucksvollen Vorteilen ständig wachsender Beliebtheit: das Plasma-Glow-Discharge-Verfahren. In kurzen Worten sei diese Methode beschrieben:

Eine Trägeroberfläche, auch eine bereits fertiggestellte Prothese, wird in einem Glasrohr evakuiert. In dieses Vakuum lässt man eine kleine Menge einer leicht verdampfbaren Substanz einströmen. Dies können Gase wie Stickstoff, Sauerstoff, Chlor, Edelgase, oder Kohlenwasserstoffe aber auch leicht verdampfbare organische Lösungsmittel und auch Monomere sein. Die Vielfalt der Möglichkeiten ergibt sich aus der schier unbegrenzten Zahl chemischer Verbindungen. Diese in ihrem Druck reduzierte Atmosphäre wird nun einer Glimmentladung ausgesetzt. Dabei bilden sich aus der eingelassenen Substanz elektrisch geladene Fragmente (Ionen) und Radikale, vergleichbar dem Plasma in einer Leuchtstoffröhre. Diese Fragmente und Radikale "bombardieren" den Kunststoffträger und gehen an dessen Oberfläche chemische Bindungen der unterschiedlichsten Art ein. Die Abläufe sind recht komplex und werden noch nicht im einzelnen verstanden; daraus resultiert auch eine relativ geringe Reproduzierbarkeit der gewünschten Oberflächenmodifikation. Dennoch, die Vorzüge dieser Technik überwiegen:

- ein kostengünstiges Trägermaterial lässt sich in eine qualitativ hochwertige blutverträgliche Oberfläche umwandeln;

- die Vielfalt und die Zahl der Modifizierungsmöglichkeiten ist schier unbegrenzt;

- bereits völlig fertiggestellte Produkte lassen sich auf diese Weise behandeln, und sie verlassen zudem steril die Apparatur;

- der ganze Prozess verläuft sehr rasch und trocken.

Es ist durchaus denkbar, daß gerade dieser Technik, möglicherweise in Kombination mit der bereits erwähnten Methode der Zellbesiedelung, der Durchbruch bei der Entwicklung der blutverträglichen Oberfläche gelingt. Die immense Zahl an Veröffentlichungen zu diesem Themenkreis beweist das außerordentlich große Engagement der Wissenschaftler weltweit.

22.2.5 Andere Einflußgrößen für eine Thrombenentstehung

Abschließend zu den Betrachtungen über Hämokompatibilität und den Methoden zur Verbesserung der Blutverträglichkeit von künstlichen Oberflächen soll darauf hingewiesen werden, daß neben der rein chemischen Beschaffenheit des Blutkontaktwerkstoffs auch noch andere Einflußgrößen von ausschlaggebender Bedeutung für die Blut-Kunststoff-Wechselwirkung sein können. Strömungsparameter, Compliance, Oberflächenrauhigkeit, Porosität und Produktdesign können unter Umständen für eine Thrombenentstehung entscheidender sein als die chemischen Eigenschaften der Werkstoffoberfläche selbst.

22.2.6 Die Forderung nach Biostabilität.

Diese Forderung erhebt sich nur für Implantate, die für eine lange Zeit oder gar auf Dauer einer biologischen Umgebung ausgesetzt sind. Solche Implantate sind z.B. künstliche Herzklappen, Herzschrittmacherelektroden, Gefäßprothesen, Dauerkatheter und implantierte Blutpumpen. Das biologische Umfeld einer Prothese empfindet diese als einen Fremdkörper, der zunächst eingekapselt wird und dann eliminiert werden soll.

Das implantierte Kunststoffmaterial ist unterschiedlichen biochemischen Attacken ausgesetzt, die es im Laufe der Zeit in seinen mechanischen, chemischen, biochemischen und physikalischen Eigenschaften verändern. Dieser Vorgang wird Biodegradation genannt. Diese Eigenschaftsveränderungen haben nun wiederum einen negativen Einfluß auf die Toxizität (toxische Molekülfragmente), die Blutverträglichkeit und auf die gesamte Funktionalität der betroffenen Prothese. So haften beispielsweise zelluläre Blutbestandteile bevorzugt an solchen degradierten Bezirken der Oberfläche und induzieren die Entstehung von Thromben. Eine im weiteren Verlauf einsetzende Mineralisierung, d.h. die Ablagerung von Calciumcarbonat und dessen spätere Umwandlung in Calcium-Hydroxy-Apatit hat dort ihren Ausgang.

Grundsätzlich unterliegen alle polymeren Werkstoffe einem Abbau, allerdings variieren die Bedingungen, unter denen ein Polymer degradiert, innerhalb weiter Grenzen. Die physiologischen Bedingungen, unter denen eine Biodegradation stattfindet, sind dagegen nahezu konstant: Temperatur etwa 37°C, pH-Wert: 7,3. Damit ein nennenswerter Abbau *in-vivo* tatsächlich einsetzt, muss der Werkstoff zumindest hydrophil sein. Einige unspezifisch wirkende körpereigene Enzyme sind dafür bekannt, dass sie die Biodegradation einiger Polymer-Typen wie Polyester und Polyamide katalytisch beeinflussen. Die recht unspezifischen Enzyme Papain, Trypsin und Chymotrypsin spalten sogar die Urethanbindungen in Polyetherurethanen.

Dagegen weiß man von bestimmten Zellen, den Phagozyten, dass sie in der Lage sind, extrem aggressive chemische Substanzen herzustellen und damit ausgewählte Bereiche einer Fremdoberfläche attackieren und zerstören. Auch andere unerwartete und noch unbekannte Einflüsse sind an den Phänomenen der Biodegradation beteiligt. So ist beispielsweise im Falle einer Infektion in der unmittelbaren Umgebung eines Implantats der Degradationsprozeß um ein Vielfaches beschleunigt. Das Isolationsmaterial aus Polyurethan für Herzschrittmacherelektroden zeigt vorzugsweise dort Abbauerscheinungen, wo die Elektrode die Blutgefäßwand durchdringt.

Neben diesen ihrer Natur nach hydrolytischen Aspekten der Degradation, wird auch ein oxidativer Mechanismus bei Materialien wie Polyethylen, Polypropylen und Polystyrol beobachtet.

Das einfache Herauslösen von niedermolekularen Additiven oder Oligomeren aus der Polymermatrix durch Körperflüssigkeiten hinterläßt erste Oberflächendefekte. An ihnen setzt dann bevorzugt der Biodegradationsprozeß ein.

Neben diesen rein chemischen Angriffen auf die kovalenten Hauptvalenzbindungen des Polymer verursacht die Aufnahme niedermolekularer biochemischer Substanzen wie Lipide, organische Säuren, Stoffwechselprodukte oder einfach Wasser eine Schwächung der Nebenvalenzbindung innerhalb der Polymerstruktur, ähnlich den Weichmachern. Die Folgen sind eine verminderte mechanische Festigkeit und eine höhere Flexibilität und Weichheit. Reißfestigkeitsuntersuchungen an genormten Polymerproben machen diese Effekte sichtbar. Bestimmungen der mittleren Molmasse und der Molmassenverteilung deuten dagegen ausschließlich auf die Spaltung von Hauptvalenzbindungen Eine abnehmende mittlere Molmasse reduziert ebenfalls die Reißfestigkeit, während die Reißdehnung zunimmt; die im Polymer verbleibenden Fragmente "erweichen" die Polymerstruktur.

Die Zerstörung der Oberflächenqualität durch die biologische Umgebung läßt sich sehr eindrucksvoll mit raster-elektronenmikroskopischen (REM) Aufnahmen darstellen. Das Foto (Abb. 36) einer Polyurethanoberfläche nach sechsmonatiger subkutaner Implantation zeigt deutlich die Entstehung von Rissen, ausgehend von bereits vorhandenen Oberflächendefekten. Überraschenderweise werden keinerlei Oberflächenzerstörungen in Gegenwart von cytotoxischen Verbindungen (organische Zinnverbindung) beobachtet.

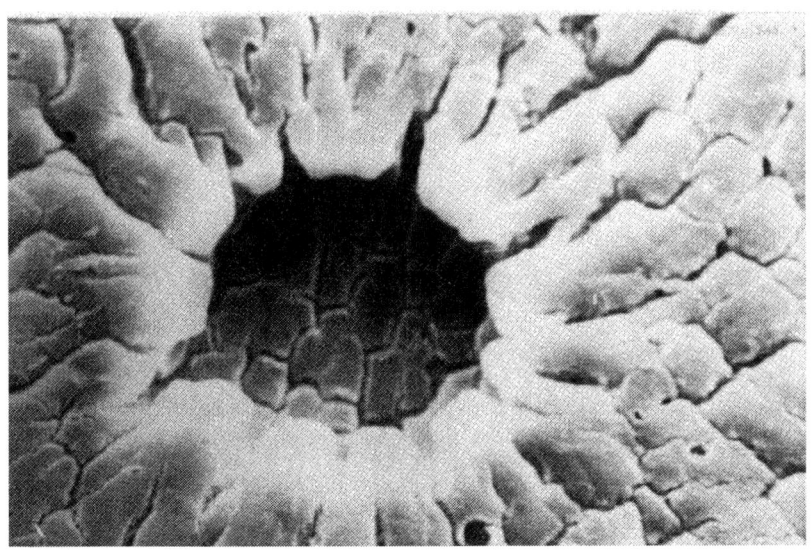

Abb. 36: Rasterelektronenmikroskopische Aufnahme einer Polyurethanoberfläche nach 6 Monaten subkutaner Implantation (1 : 500)

Die erfolgreichste Möglichkeit, das Ausmaß der Biodegradation zu mildern, ist die Verwendung resistenter Materialien. Der Tatsache, daß eine Zerstörung bevorzugt an bereits vorhandenen Oberflächendefekten einsetzt, begegnet man am besten durch eine besonders sorgfältige Präparation der Blutkontaktoberfläche.

Staubpartikel, Einschlüsse, Bläschen und alle Arten von Störungen in der Homogenität der Oberfläche müssen peinlichst vermieden werden. In solchen Fällen, wo der Degradationsprozeß mit einem Herauslösen niedermolekularer Substanzen einsetzt, empfiehlt sich eine Extraktion des Rohmaterials vor dessen Verarbeitung.

Eine Verfestigung der Polymerstruktur über die Nebenvalenzbindungen gelingt durch eine sorgfältige thermische Nachbehandlung (Sintern). Dadurch erhöht sich der Kristallisationsgrad und damit die gesamte Stabilität der polymeren Struktur.

Degradierbare und resorbierbare Materialien

Seit einigen Jahren wächst das Interesse an Materialien, die gerade über die Eigenschaft verfügen, die im vorangegangenen Abschnitt als nachteilig geschildert wurde: sie sollen durch das biologische Umfeld abgebaut werden. Dem liegt die Idee zugrunde, daß eine Prothese, nachdem sie ihre therapeutische Aufgabe erfüllt und das natürliche Gewebe die biologische Funktionen wieder übernommen hat, schadlos resorbiert wird, denn sie wird nicht weiter benötigt. Chirurgisches Nahtmaterial ist hierfür das beste Beispiel.

Prothesen zum Ersatz der Speise- oder Luftröhre könnten nach etwa 4 - 6 Monaten resorbiert werden. Innerhalb dieser Zeit hat sich natürliches Gewebe neu gebildet.

Poröse Gefäßprothesen sind nach relativ kurzer Zeit mit einer stabilen Neointima überzogen. Nach einigen Monaten ist das Collagengerüst entstanden. Die Prothese wird danach nicht mehr gebraucht.

So genannte "Drug Release Systems" sollen kontinuierlich pharmazeutische Wirkstoffe in stets gleichbleibender Dosierung an einen Organismus abgeben. Die subkutan implantierten Systeme sollen während oder nach Abschluß der therapeutischen Maßnahme resorbiert werden. Gleiches gilt für die Verwendung von künstlicher Haut bei Opfern mit schweren Verbrennungen.

Diese wenigen Beispiele sollen die große Bedeutung dieses Anwendungsbereiches für degradierbare Materialien unterstreichen. Die Monomere und die niedermolekularen Fragmente, die während des Abbaus entstehen, müssen natürlich schadlos resorbiert und metabolisiert werden; sie dürfen beim Empfänger keine toxischen Reaktionen auslösen. Ein ernsthaftes Problem ist die Anpassung der Degradationskinetik eines Werkstoffs an den Heilungsprozeß des natürlichen Organs. Ein vorzeitiger Abbau der Prothese würde die Regeneration des natürlichen Organs be- oder gar ganz verhindern.

22.2.7 Forderung nach Vermeidung von Infektionen.

Dieses Problem ist von großer Bedeutung bei Organtransplantationen mit begleitender Immunsuppression, nach dem zuvor eine Zeit lang die Organfunktion durch ein künstliches Organ, wie z.B. die extrakorporale Herzunterstützung (Bridging-System) übernommen wurde. Unbeherrschbare Infektionen können den Erfolg einer Transplantation limitieren.

In der unmittelbaren Umgebung einer künstlichen Oberfläche verlieren die Leukozyten ihre Befähigung, Bakterien abzutöten. Bakterien neigen wiederum dazu, gerade an Fremdoberflächen anzuhaften. Unterschiedliche Bakterienstämme bevorzugen unterschiedliche Oberflächen. Hydrophile Materialien erweisen sich als weniger infektiös als hydrophobe. Exponierte scharfe Ecken und Bewegungen der Prothese stimulieren eine Infektion. Adsorbiertes Hämoglobin (Hämolyse) und auch Albumin sollen ebenfalls die Bildung infektiöser Keime begünstigen. Zwar lassen sich Antibiotika an der Kunststoffoberfläche fixieren, wo sie Bakterien abtöten können. Sie verhindern aber nicht deren Ansiedlung. Daraus wird verständlich, dass das Interesse an bakteriostatischen oder bakteriziden Oberflächen außerordentlich groß ist. Hautdurchleitungen für die Kreislaufunterstützungssysteme, transkutane Dauerkatheter oder Blasenkatheter sind besonders gefährdet. In einigen Fällen schaffen Beschichtungen mit Silber oder Chlorhexidin antiseptische Bedingungen. Keinesfalls dürfen solche Beschichtungen cytotoxisch sein, weil sonst das intakte biologische Umfeld geschädigt wird.

22.2.8 Forderung nach Sterilisierbarkeit.

Medizinische Kunststoffartikel müssen zumindest eine der vier gebräuchlichsten Sterilisationsmethoden (Hitze-, Dampf-, Gas-, oder γ-Sterilisation) überstehen. In den meisten Fällen ist für Kunststoffe die Dampf- und Hitzesterilisation auszuschließen. Unter diesen Bedingungen kommt es zu Verformungen, Verfärbungen und Zersetzungen. Auch γ-Strahlung verändert das Material, was aber bei einer einmaligen Sterilisation toleriert werden kann. PVC muß allerdings, um mit γ-Strahlen sterilisiert werden zu können, zusätzliche Stabilisatoren enthalten.

Die überwiegende Mehrheit der medizinischen Kunststoffe wird unter milden Bedingungen mit Ethylenoxid (EtO) sterilisiert. Ethylenoxid ist ein hochreaktives, sehr leicht entzündliches und sehr giftiges Gas. Während des Sterilisationsvorgangs absorbieren insbesondere PVC, Polyurethane und Poly-methylmethacrylat große Mengen an Ethylenoxid. Da für einen erwachsenen Menschen nur 21 mg Ethylenoxid tolerable sind, ist eine gründliche Entgasung des Sterilisationsguts unverzichtbar. Für PVC-Artikel sollen 7 Tage Ausgasungszeit keinesfalls unterschritten werden. 14 Tage werden empfohlen, wobei der Desorptionsprozeß sehr durch erhöhte Temperatur (ca. 60°C) und intermittierendes Vakuum begünstigt wird.

Ein PVC-Material, das bereits nach der Herstellung mit γ-Strahlung sterilisiert wurde, darf keinesfalls mit Ethylenoxid resterilisiert werden. Der durch die Bestrahlung erzeugte Chlorwasserstoff reagiert mit Ethylenoxid unter Bildung von Ethylenchlorhydrin. Diese sehr toxische Substanz siedet bei 128°C und läßt sich nur äußerst schwer wieder entfernen.

22.2.9 Beseitigung von medizinischen Einmalartikeln aus Kunststoff

Im Zusammenhang mit dem wachsenden Umweltbewußtsein in der Bevölkerung müssen bei der Verwendung medizinischer Einmalartikel auch Überlegungen über den Verbleib bzw. Beseitigung und Vernichtung dieser speziellen Kunststoffabfälle unter ökologischen Gesichtspunkten einbezogen werden. In der Medizin verwendete Kunststoffartikel gelten als infektiöse Abfälle und werden meist durch Verbrennung in internen oder kommunalen Verbrennungsanlagen beseitigt. Aber auch die Deponie auf Müllhalden, insbesondere bei kleineren Gemeinden, ist durchaus üblich. Die Vernichtung von PVC, auch medizinisches PVC, ist ein noch nicht befriedigend gelöstes Problem. Bei der Verbrennung von PVC entstehen große Mengen an Chlorwasserstoffgas, das mit Feuchtigkeit oder Regen Salzsäure bildet. Moderne Großverbrennungsanlagen verfügen zwar über Säurewäscher, das bei der Verbrennung von PVC ebenfalls in Spuren entstehende berüchtigte Dioxin verbleibt und belastet die Abluft.

22.3 Prüfmethoden für medizinische Kunststoffe.

Die enorme Bedeutung medizinischer Kunststoffe für die moderne Therapie, sowohl für die Wiederherstellung geschädigter Körperteile als auch für die Übernahme ganzer gestörter Organfunktionen durch Prothesen mit all ihren lebenerhaltenden Aspekten ist trotz noch ungelöster Probleme unbestritten. Die industrielle Herstellung und Vermarktung medizinischer Kunststoffprodukte ist ein rasch expandierender Wirtschaftszweig. Es mag daher überraschen, daß es bislang in Europa nur in Ansätzen verbindliche und generell anerkannte Richtlinien wie Prüfnormen, Testverfahren, Qualitätsstandards und gesetzliche Grundlagen für die Verwendung von Biomaterialien gibt. Dies gilt ganz besonders für die Materialien, die in den Kontakt mit Blut gelangen sollen. Vielfach wurden seitens der Industrie die Empfehlungen der amerikanischen FDA (Food and Drug Administration) und der US-Pharmacopeia (USP XXI) übernommen. Auch die "Guidelines" des NIH (National Institute of Health,

Washington) können Anhaltspunkte für die Qualitätsprüfung von Biomaterialien liefern.

Um den Patienten vor Schaden durch versagende medizinische Produkte zu bewahren, sind solche allgemein verbindliche und gesetzlich vorgeschriebene Test- und Prüfverfahren dringend erforderlich. Standardisierte Prüfnormen, so wie sie in allen Bereichen der Technik (Luftverkehr) und der technischen Materialprüfung seit langem üblich sind, hätten auch einen enorm stimulierenden Einfluß auf die Entwicklung neuer, verbesserter hämokompatibler Werkstoffe. Jedes neue Material wäre den gleichen Prüfverfahren unterworfen; erstmals wären Testergebnisse objektiv miteinander vergleichbar. Industrieunternehmen hätten klar umrissene Qualitätskriterien als Orientierungshilfe; die Befürchtung, dass weniger gewissenhaft produzierende Konkurrenzunternehmen aufgrund eines geringeren Qualitätsstandards Preise unterbieten könnten, wäre gegenstandslos.

Mit dem engeren Zusammenschluß Europas im Jahre 1993 sind zumindest für einige Bereiche solche europaeinheitlichen Prüf- und Qualitätsnormen in Kraft getreten. Auf Initiative der EU-Mitgliedsländer wurde 1988 eine Kommission für Europäische Normung (CEN) gegründet, der sich 1989 die ISO (Internationale Standardisierungs Organisation) anschloß. In insgesamt zwölf international zusammengesetzten Arbeitsgruppen arbeiteten Experten Normentwürfe zur "Biologischen Prüfung von medizinischen und zahnmedizinischen Werkstoffen und Produkten" aus. Neben den in diesem Kapitel umrissenen Problemfeldern zur Biokompatibilität schließen diese Vorschriften zur biologischen Prüfungen auch Aspekte des Tierschutzes und Hinweise zur Sterilisation mit Ethylenoxid ein.

Das EU-Projekt EUROBIOMAT stellte der Normungskommission detaillierte Anleitungen exakt und einheitlich beschriebener Testverfahren zur Blutverträglichkeit von Biomaterialien zur Verfügung. Sie enthalten *in-vitro, ex-vivo* und *in-vivo* Methoden zur Prüfung der Hämokompatibilität, Toxizität und Biodegradation, aber auch eine Auflistung relevanter und bereits standardisierter Prüfvorschriften zur mechanischen Charakterisierung eines Biomaterials. Einfach durchzuführende Screeningtests erlauben eine zuverlässige Vorauswahl neuer Materialien, die sich dann in aufwendigeren Tests weiter qualifizieren müssen. Diese Screeningtests sind aber auch zur Qualitätskontrolle und -sicherung neuer Chargen bereits etablierter Materialien hervorragend geeignet. Ein Netzwerk verschiedener europäischer Testzentren, die auf spezifische Tests spezialisiert sind, bietet der Industrie und anderen Materialentwicklern ihre langjährige Erfahrung und Dienste an.

Auch sogenannte Referenz-Materialien standen im Rahmen des EU-Projekt EUROBIOMAT jedermann zur Verfügung. Es sind solche Materialien, die sich bereits vielfach in der medizinischen Anwendung befinden (PVC, Silikon, Polyurethan, Polypropylen und Polyethylen). Sie sind in verschiedenen Abmessungen als Folie oder Schlauch erhältlich. Jedes Material entstammt einer einzigen Produktionscharge und wurde unter stets gleichbleibenden Bedingungen verarbeitet. Anhand der an diesen Referenz-Oberflächen durchgeführten Tests war es möglich, die Grenzen und die Aussagefähigkeit einer jeden einzelnen Testmethode aufzuzeigen und festzulegen.

22.4 Ausblick

Diese zuletzt geschilderten Initiativen geben Anlaß zu der berechtigten Hoffnung, dass sich in aller nächster Zukunft die gesamte Situation der Biomaterialien im Hinblick auf die Verwendung besser biokompatibler Werkstoffe positiv entwickeln wird. Auch falls es in nicht allzu ferner Zukunft durch neue Erkenntnisse sowohl in der Gen- und Biotechnologie als auch in der Nanotechnologie möglich sein wird, autologe, biologische Organe *in-vitro* oder in einem Wirtsorganismus zu züchten, werden künstliche Organe, Prothesen und Biomaterialien ihre Daseinsberechtigung haben. Diesen Kunstprodukten wird die Aufgabe zukommen, zeitlich befristet die entsprechenden Organfunktionen zu übernehmen, bis ein neues biologisches Organ herangewachsen ist, das nicht vom Empfänger abgestoßen wird.

23. Polyvinylchlorid in der Medizin

Polyvinylchlorid (PVC) ist unverändert einer der am weitest verbreiteten Kunststoffe unserer Zeit, obwohl in der Öffentlichkeit immer wieder dessen Nachteile und Risiken diskutiert werden. Der wesentliche Grund für die enorme Verbreitung dieses Werkstoffs ist dessen äußerst kostengünstige Herstellung und Verarbeitung. Insbesondere lassen sich die Eigenschaften des Roh-PVC durch einfaches Zumischen von weichmachenden Substanzen in weiten Grenzen variieren und den jeweiligen Erfordernissen anpassen.

Auch innerhalb der medizinischen Kunststoffe nimmt das PVC eine dominierende Stellung ein. Mehr als 50000 Tonnen PVC werden jährlich in Westeuropa zu medizinischen Einmalartikeln verarbeitet. Allein die Firma REHAU, Europas größtes Kunststoffverarbeitungsunternehmen, produziert täglich viele Kilometer PVC-Schlauch für medizinische Zwecke. Auch diese medizinischen PVC-Artikel enthalten eine Reihe von unverzichtbaren Begleitstoffen, die dem Endprodukt die gewünschten Eigenschaften verleihen. Diese niedermolekularen Begleitstoffe, die bis zu 40% der Gesamtmasse ausmachen können, waren in der Vergangenheit immer wieder Anlaß für eine negative Beurteilung dieses Werkstoffs. Sind es doch gerade diese Substanzen, die ihrer Natur nach vom Blutstrom aufgenommen werden können, auf diese Weise in verschiedene Organe gelangen und dort vermeintliche Schäden verursachen.

Anhand der folgenden Ausführungen soll nachgewiesen werden, daß unter der Voraussetzung einer verantwortungsbewußten Auswahl geeigneter Rohstoffkomponenten, deren sorgfältigen Verarbeitung und nicht zuletzt eines sachgerechten Umgangs seitens des Anwenders, medizinische PVC-Artikel keinerlei Gesundheitsrisiken für den Patienten bergen. Im Gegenteil, medizinische Einmalartikel aus PVC zählen derzeit zu den am besten blutverträglichen Biomaterialien.

23.1 Die Zusammensetzung medizinischen PVC-Materials:

23.1.1 Das PVC-Rohpolymerisat:

PVC wird aus Vinylchlorid, einem bei -14°C siedendem Gas, hergestellt (Abb. 37). Die technische Durchführung dieser Polymerisation erfolgt im wesentlichen nach zwei verschiedenen Verfahren. Den eindeutigen Vorzug ist dem sogenannten Suspensions-Polymerisations-Verfahren zu geben, denn es liefert ein äußerst reines Roh-PVC-Pulver: das S-PVC. Der Polymerisationskatalysator startet die Reaktion und ist chemisch kovalent an das Makromolekül gebunden.

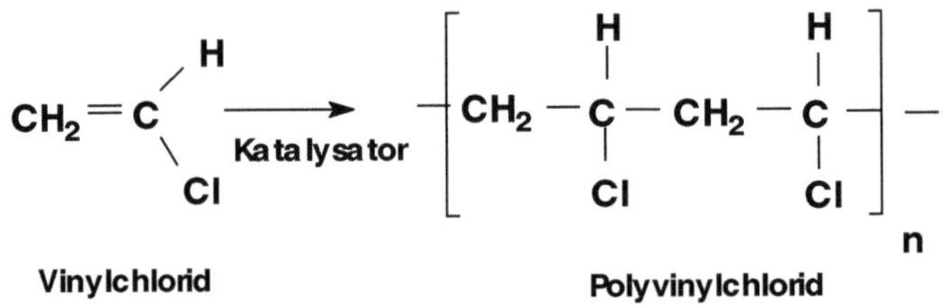

$$CH_2 = C \overset{H}{\underset{Cl}{}} \quad \xrightarrow{\text{Katalysator}} \quad \left[CH_2 - \overset{H}{\underset{Cl}{C}} - CH_2 - \overset{H}{\underset{Cl}{C}} \right]_n -$$

Vinylchlorid   Polyvinylchlorid

Abb. 37: Die Polymerisation des Vinylchlorids

23.1.2 Die Weichmacher:

Wie bereits erwähnt, kann auf einen Zusatz von Weichmachern (plasticisers) bei PVC grundsätzlich nicht verzichtet werden, da reines PVC ein weißes, hartes und sprödes Pulver ist. Unter den insgesamt etwa 500 verschiedenen Weichmachersubstanzen stellen die Phthalsäuredialkylester mit über 80% den weitaus größten Teil der verwendeten Weichmacher. Davon wiederum ist das DOP (Dioctylphthalat), korrekter das DEHP (Di-(Ethyl-2Hexyl)-Phthalat) die wichtigste Weichmachersubstanz (Abb. 38). Auch medizinisches PVC enthält bis nahezu 40% DOP. Die Löslichkeit in Wasser bei 20°C beträgt weniger als 0,01%.

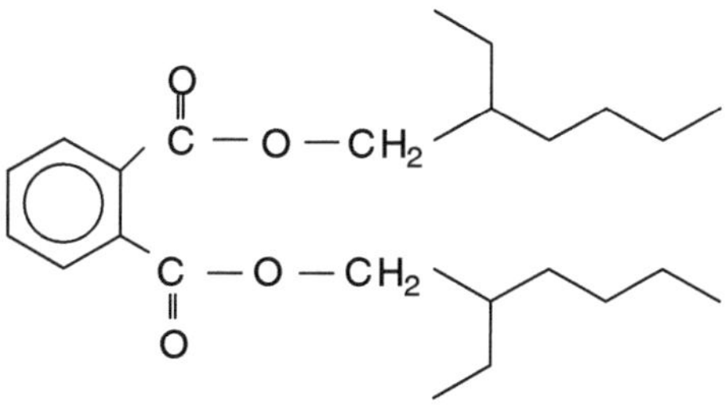

Abb. 38: DEHP (Di-(Ethyl-2Hexyl)-Phthalat)

DOP war Gegenstand zahlreicher (über 1400 Literaturstellen!) toxikologischer Untersuchungen, da orale Gaben (bis zu 1000 mg/kg und Tag) bei der Ratte Leberzellveränderungen verursachten. Analoge Untersuchungen an Primaten mit täglichen oralen Dosen bis zu 2000 mg/kg konnten diese Befunde nicht bestätigen. Demnach vermag DOP wohl bei der Ratte, nicht aber am Primaten Leberzellveränderungen zu erzeugen, die langfristig zu Tumoren führen können. Dennoch hat man das DOP wegen seines ungünstigen Migrationsverhaltens durch einen neuen Weichmacher ersetzt: das TEHTM (Tri-(Ethyl-2Hexyl)-Trimellitat) (Abb. 39). Diese "sperrige" Weichmachersubstanz besitzt nur 0,1% der Migrationsrate im Vergleich zum früheren DOP. Dieses mit TEHTM versetzte PVC-Material trägt die Handelsbezeichnung "RAUMEDIC®S no-DOP *".

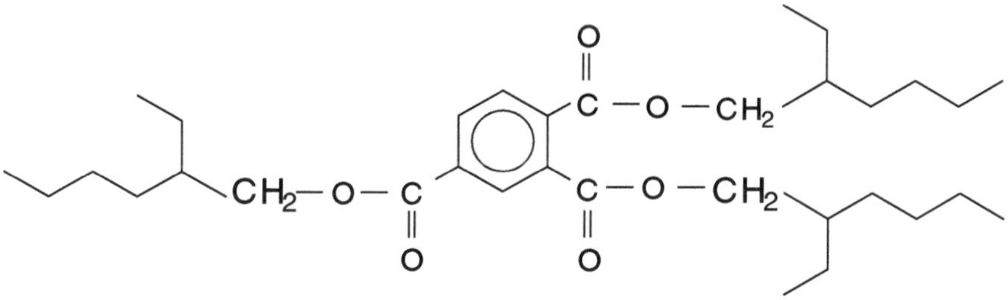

Abb. 39: TEHTM (Tri-(Ethyl-2Hexyl)-Trimellitat)

23.1.3 Die Stabilisatoren:

PVC wird fast ausschließlich thermoplastisch verarbeitet. Dabei wird das Roh-PVC zusammen mit Hilfsstoffen (Additive) in besonderen Maschinen (Extruder, Kalander) auf bis zu 200°C erhitzt, in Formen gespritzt oder zu Schläuchen oder Filmen extrudiert. Bereits bei 140°C beginnt eine merkliche Zersetzung des PVC unter Abspaltung von Chlorwasserstoffgas, das den weiteren Abbau des Polymerisats begünstigt. Daher müssen der Rohmasse Stabilisatoren zugesetzt werden, die den katalytischen Zerfall verhindern. Es sind dies Ca- und/oder Zn-Stearate und epoxidiertes Soyaöl. Ihr Anteil an der Gesamtmasse beträgt etwa 2-3%. Auch energiereiche Strahlung, wie z.B. γ-Strahlung, zersetzt PVC; es verfärbt sich (Abb. 40). Für die γ-Strahlensterilisation vorgesehenes PVC benötigt etwa die doppelte Menge an Stabilisatorsubstanz.

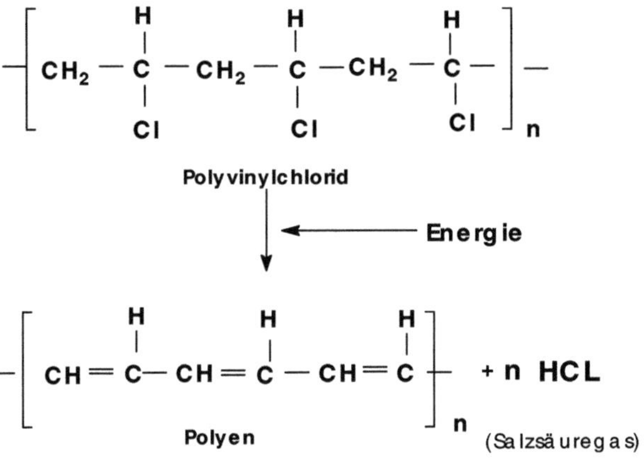

Abb. 40: Zersetzung des PVC unter Bildung von Salzsäuregas

23.2 Neue moderne Untersuchungen an medizinischem PVC

Im Rahmen eines Europäischen Kooperationsvorhabens wurden sowohl das PVC-DEHP als auch das PVC-TEHTM mit modernsten Methoden und Testverfahren auf ihre Bioverträglichkeit hin untersucht und mit anderen Kunststoffmaterialien, die in der Medizin Verwendung finden, verglichen. Zweiundzwanzig international renommierte Forschungszentren erhielten diese beiden PVC-Typen zusammen mit Silikon, Polyurethan, Polyethylen und Polypropylen als sogenannte Referenz-Materialien in Form einer Folie oder als Schlauch, d.h. jedes dieser Institute untersuchte unabhängig von einander jeweils identische Oberflächen mit unterschiedlichen Methoden.

23.2.1 Physikalisch-chemische Testmethoden

Mit Hilfe solcher Testverfahren werden Materialien charakterisiert und deren chemische Oberflächenstruktur analysiert. Die chemische Zusammensetzung der Materialoberfläche kann sich durchaus von den darunter liegenden Materialschichten unterscheiden. Die Oberfläche ist Umwelteinflüssen und der Gefahr von Kontaminationen ausgesetzt. Weichmachermoleküle diffundieren bevorzugt zur Oberfläche. Es ist aber gerade die Materialoberfläche, die in erster Linie mit dem biologischen System in Wechselwirkung tritt und dort Reaktionen auslöst wie z.B. Aktivierung der Blutgerinnung oder des Komplementsystems. Genaue Informationen über die chemische Zusammensetzung dieser Grenzfläche sind daher von entscheidender Bedeutung für die Beurteilung eines Biomaterials.

Die gelpermeationschromatographische (GPC) Untersuchung ergab die mittlere Molmasse beider PVC-Typen wie auch deren Molmassenverteilung. Beide PVC-Typen enthielten 40% niedermolekulare Additive; davon waren jeweils 38% Weichmacher und 2% Stabilisatoren.

Eine infrarot(IR)-spektroskopische Analyse der Materialoberflächen identifizierte die chemische Zusammensetzung beider Weichmacher-typen. Durch einfaches Abspülen der Oberflächen mit Alkohol konnten die beiden Weichmachersubstanzen entfernt werden. Eine erneute infrarot-spektroskopische Oberflächenanalyse mit den gereinigten Materialproben zeigte, dass das DEHP relativ rasch zur Oberfläche nachdiffundierte, während das TEHTM nicht mehr nachgewiesen werden konnte.

Die ESCA-Analyse (ESCA = Elektronen-Spektroskopie für die Chemische Analyse) wies Calcium und Zink nach. Beide Metalle sind Bestandteile der Stabilisatoren.

Ein apparativ recht aufwendiges Analysenverfahren ist die SIMS (Sekundär-Ionen-Massen-Spektroskopie). Hierbei werden durch energiereiche Strahlung elektrisch geladene Molekülfragmente (Ionen) aus der Materialoberfläche herausgeschlagen und diese in einem Massenspektrographen analysiert. Auch diese Methode wies eindeutig die chemische Struktur der beiden Weichmachertypen nach.

Kontaktwinkelmessungen sind dagegen sehr einfach durchzuführen. Im Prinzip wird ein Wassertropfen auf die Materialoberfläche gebracht und der Randwinkel zwischen Tropfen und Oberfläche gemessen. Sehr hydrophobe Materialien bilden wegen der schwachen Benetzung einen großen Kontaktwinkel aus, etwa $100° - 140°$. Bei hydrophilen Materialien beträgt der Kontaktwinkel nur etwa $60° - 30°$. Extrem große und extrem kleine Kontaktwinkel deuten auf eine geringe Affinität gegenüber den Blutproteinen, d.h. solche Oberflächen adsorbieren nur sehr wenig oder gar keine Blutproteine. Dies ist wiederum ein ungefährer Hinweis auf eine gute Blutverträglichkeit. Beide PVC-Materialien ergaben einen Kontaktwinkel von $95° - 96°$. Sie zählen demnach zu den hydrophoben Materialien. Beide Materialien waren zudem sehr homogen, denn der Kontaktwinkel war an verschiedenen Oberflächenbereichen sowie auf beiden Seiten stets konstant.

23.2.2 Biologische und hämatologische Testmethoden

Anhand der zuvor beschriebenen Untersuchungsmethoden konnten die verschiedenen Materialien identifiziert und charakterisiert werden. Eine Aussage hinsichtlich ihrer Bioverträglichkeit und Blutkontakt-eigenschaften liefern sie zunächst nicht. Über die Charakterisierung hinaus sollen die physikalischen Methoden aber auch dazu beitragen, einen möglichen Zusammenhang zwischen den Materialeigenschaften und der biologischen Wechselwirkung aufzudecken.

Die biologischen und hämatologischen Testmethoden werden meist *in-vitro* durchgeführt, d.h. sie werden mit einem biologischen oder biochemischem System (Blut oder Zellen) in Kontakt gebracht und die Auswirkung des Fremdstoffs auf dieses isolierte biologische Milieu untersucht.

Beide PVC-Materialien bzw. deren Extrakte wurden nach insgesamt vier verschiedenen toxikologischen Testverfahren untersucht. In keinem Fall zeigten diese Materialien eine toxische Reaktion; sie sind somit eindeutig als ‚nicht-toxisch' einzustufen. Keratinocyten, das sind Hautzellen, wuchsen besonders rasch und homogen auf dem PVC, das TEHTM als Weichmacher enthielt.

Untersuchungen zur Blutverträglichkeit werden *in-vitro* entweder in Gegenwart von Vollblut oder einzelner Blutbestandteile (isolierte Gerinnungsfaktoren bzw. Thrombozyten) durchgeführt. Eine ganze Reihe unterschiedlichster Tests zur Bestimmung der oberflächen-induzierten Blutgerinnung von künstlichen Materialien bewiesen die gute Blutverträglichkeit des PVC-TEHTM. Es wird nur durch das Polyurethan übertroffen (Abb. 41). In dieser Abbildung deutet ein kleiner Zahlenwert, bzw. eine geringe Säulenhöhe auf eine minimale Blutschädigung durch die Kunststoffoberfläche hin.

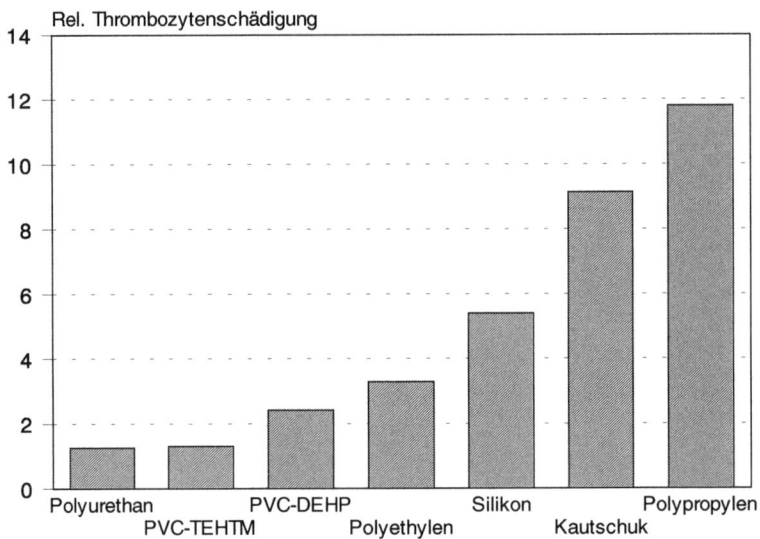

Abb. 41: Blutverträglichkeit einiger Kunststoffmaterialien.

Unter Komplementaktivierung versteht man eine körpereigene Abwehrreaktion gegenüber eingedrungenen Fremdkörpern. Dabei entstehen biologisch aktive Metabolite, die im Extremfall Blutdruckabfall, Durchlässigkeit der Gefäßwände, Ödeme und/oder Bronchialkrampf auslösen können. Auch Kunststoffoberflächen im Kontakt mit Blut können das Komplementsystem aktivieren. Die Dialysemembran Cuprophan® gilt allgemein als recht starker Aktivator des Komplementsystems. Die Komplementaktivierung des PVC-TEHTM beträgt etwa 60% des Cuprophan®, die des PVC-DEHP etwa 40% des Cuprophan®.

Aufgrund all dieser Befunde ist dem medizinischen PVC mit TEHTM als weichmachendes Additiv eine sehr gute Bioverträglichkeit zu attestieren. Zudem läßt sich gerade dieser Werkstoff hinsichtlich seiner Blutverträglichkeit durch einfaches Zumischen reaktiver Additive noch weiter verbessern.

Als Infusionsschlauch sollte PVC allerdings nicht eingesetzt werden, denn dieses Material adsorbiert in hohem Maße gewisse pharmazeutische Wirkstoffe, die dann erheblich zeitlich verzögert oder in verminderter Konzentration beim Patienten ankommen und damit eine Therapie gefährden oder gar ganz verhindern. Dagegen ist als Infusionsschlauchmaterial besonders gut das RAUMEDIC® SRT 200[**], ein thermoplastischer Synthesekautschuk, geeignet.

23.3 PVC in der Pädiatrie

In der Therapie von Frühgeborenen mit einem Gewicht von ungefähr 500 g wäre ein Einsatz von PVC-Schläuchen, als auch von Polyurethanschläuchen, sei es zur parenteralen Ernährung, die über Wochen und Monate andauern kann, oder zur Applikation von Medikamenten durch Infusion, nur dann zu rechtfertigen, wenn es keine Alternativen gäbe. Die Nährflüssigkeit für Frühgeborene enthält Lipide, die verstärkt Weichmacher, aber auch das Wachs aus dem Polyurethan und niedermolekulare Molekülfragmente herauslösen und dem winzigen Organismus zuführen. Ein Frühgeborenes besitzt nur unzureichend entwickelte Organe, die nicht in der Lage sein dürften, dieses Fremdstoffangebot zu verstoffwechseln. Die Adsorption von pharmazeutischen Wirkstoffen, die gerade beim PVC und beim Polyurethan besonders stark ausgeprägt ist, erlaubt keine zuverlässige, exakte Dosierung der Wirksubstanz.

Ein Infusionsschlauch aus Polyethylen enthält dagegen keine zusätzlichen niedermolekularen Additive. Bei der parenteralen Ernährung wird dieser Schlauch auch über einen Zeitraum von Monaten keinerlei Fremdstoffe an den sensiblen Organismus eines Frühgeborenen abgeben. Darüber hinaus zeichnet sich dieser Schlauch durch ein äußerst günstiges Verhalten bei der Applikation von Pharmazeutika durch Infusion aus.

23.4 Beseitigung von medizinischen PVC-Abfällen

Ein noch unbefriedigend gelöstes Problem ist die Beseitigung von medizinischen PVC-Abfällen. Auf Mülldeponien verrottet PVC erst nach einigen hundert Jahren. Beim Verbrennen von PVC in Müllverbrennungsanlagen entstehen große Mengen an Salzsäuregas, die nur in modernen Anlagen mit Rauchgaswäschern ausgewaschen werden können Das ebenfalls in Spuren entstehende Umweltgift Dioxin läßt sich erst bei sehr hohen Verbrennungstemperaturen vernichten. Daher ist es sinnvoll, das PVC vorwiegend für langlebige Produkte wie beispielsweise in der Bauindustrie für Kanalisationsrohre, Fensterprofile und ähnliches einzusetzen. Dort werden Standzeiten von etwa 100 Jahren verlangt. Medizinische PVC-Artikel sind aber fast ausschließlich Einmalartikel, d.h. nach einem einmaligen Gebrauch wandern sie auf Mülldeponien oder in Verbrennungsanlagen. Der Verband der Chemischen Industrie wirbt zwar in ganzseitigen Anzeigen für die Möglichkeit des Kunststoffrecycling, doch ist diese Alternative für die große Menge der medizinischen PVC-Artikel schwer realisierbar, denn diese Abfälle gelten als infektiös und sie sind zudem oftmals mit anderen Kunststoffen vermischt. Speziell diese Abfälle erfordern daher eine vorherige Sterilisation und die anschließende Trennung von anderen Kunststoffbeimengungen, sicher ein kostspieliges Verfahren, zu dem es aber aus Gründen des Umweltschutzes derzeit keine Alternative gibt.

23.45 Zusammenfassung:

Für die Verwendung des PVC als Material zur Herstellung von medizinischen Einmalartikeln sprechen in erster Linie ökonomische Gründe aber auch dessen recht gute Bioverträglichkeit. Die noch vor Jahren beklagten Nachteile der Weichmachermigration und die damit verbundene Gefährdung der Patienten ist mittlerweile durch die Verwendung des alternativen Weichmachers TEHTM überwunden. Solche PVC-Schläuche verfügen über eine sehr gute Bioverträglichkeit und recht gute Blutkontakteigenschaften, die sich chargenweise sehr gut reproduzieren und zudem auf einfache Weise noch weiter verbessern lassen. Als Infusionsschlauch zur Applikation von pharmazeutischen Wirkstoffen oder als Ernährungssonden für Frühgeborene ist PVC grundsätzlich nicht geeignet.

Wie auch in anderen Bereichen der produzierenden Wirtschaft wird man darüber nachdenken müssen, wie speziell diese Produkte ökologisch problemlos entsorgt werden können. Als Ausblick sei erwähnt, daß bereits polymere Werkstoffe auf der Basis thermoplastisch verarbeitbarer und biologisch abbaubarer Komponenten kostengünstig hergestellt werden und unmittelbar vor ihrer Markteinführung stehen. Bekannt sind Kanülenschutzröhrchen aus dem Werkstoff RAUMEDIC® FUTUR***. Einwegartikel aus diesem Werkstoff lassen sich ohne Abgabe von Schadstoffen mühelos kompostieren.

* RAUMEDIC®S no-DOP ist eine Handelsbezeichnung der Firma REHAU AG&Co

** RAUMEDIC® SRT 200 ist eine Handelsbezeichnung der Firma REHAU AG&Co

***RAUMEDIC® FUTUR ist eine Handelsbezeichnung der Firma REHAU AG&Co.

24. Die Adsorption von pharmazeutischen Wirkstoffen an Infusionsschlauchoberflächen.

Der französische Philosoph und Schriftsteller Voltaire (1694 - 1778) soll einst gesagt haben: "Die Kunst des Arztes besteht darin, seine Patienten solange zu amüsieren, bis die Natur deren Leiden geheilt hat". Dieser trotz seiner Komik sicher zum Nachdenken anregende Satz darf nicht darüber hinweg täuschen, daß gewisse pharmazeutische Wirkstoffe rasch und zuverlässig einem Patienten in therapeutisch wirksamer Konzentration zur Verfügung stehen müssen, entweder um einen Heilungsprozeß einzuleiten oder um eine Gesundheit oder gar Leben bedrohende Situation abzuwenden. Bei der Gabe von pharmazeutischen Wirkstoffen über Infusionssets ist diese wesentliche Forderung nicht immer erfüllt, insbesondere dann nicht, wenn das Infusionsschlauchmaterial dazu neigt, erhebliche Mengen der Wirksubstanz zu adsorbieren, wodurch für den Patienten bedrohliche Situationen entstehen können. Dennoch scheint das wissenschaftliche Interesse an diesem Phänomen sehr zurückhaltend zu sein, wie die geringe Zahl an diesbezüglichen Veröffentlichungen deutlich macht.

24.1 Experimentelle Durchführung

Im Folgenden werden die Untersuchungen zum Ad- bzw. Absorptionsverhalten dreier verschiedener Schlauchmaterialien gegenüber vier unterschiedlichen Arzneimittelstoffen beschrieben. Die Testschläuche stammten von handelsüblichen Infusionssets. Insbesondere interessierte der zeitliche Verlauf der Wirkstoffkonzentration beim Durchlauf durch den Testschlauch. In Tabelle 2 sind die Materialien der Testschläuche, deren Abmessungen, Handelsnamen und Hersteller im einzelnen aufgeführt.

Tabelle 2:	**Zusammenstellung der Testschläuche**	
	Länge: 155 cm; Innerer Durchmesser: 3.0 mm;	
	Wandstärke: 0.55 mm; Kontaktoberfläche: 146 cm².	

Schlauchmaterial	Chemische Zusammensetzung	Handelsname
Weich-PVC	Polyvinylchlorid mit ca. 40% Weichmacher	Intrafix Air P
Neutraden®	Synthesekautschuk RAUMEDIC®SRT 200	Intrafix Air P
EVA	Ethylen-Vinylacetat-Copolymer	Flexinert, Luer-Lock IG-P

In Tabelle 3 sind die verwendeten pharmazeutische Wirkstoffe, ihre Wirkungsweise und ihre bei den Messungen eingestellten Konzentrationen aufgeführt.

Die Präparate Distraneurin® und Perlinganit® wurden als fertige, handelsübliche Infusionslösungen eingesetzt, während Diazepam in physiologischer Kochsalzlösung und Insulin in Glucose-40-Lösung zu den in der Tabelle angegebenen Konzentrationen gelöst wurden.

Die Infusionsschläuche wurden an die jeweiligen Vorratsflaschen (500 ml) angeschlossen, diese sodann mit der Wirkstofflösung gefüllt und mittels eines Dropmaten ein Fluß von 7 Tropfen pro Minute eingestellt. Proben von ca. 2 ml wurden am Ende des Schlauchs jeweils nach 15, 30, 60, 120 und 180 Minuten abgenommen und diese UV-photometrisch quantitativ nachgewiesen.

Clomethiazol:	208 nm
Diazepam:	238 nm
Nitroglycerin:	210 nm
Insulin:	162 nm

Tabelle 3: **Zusammenstellung der verwendeten pharmazeutischen Wirkstoffe**

Name	Wirkstoff	Wirkungsweise	Konzentration
Distraneurin®	Clomethiazol	Behandlung extremer Erregungszustände	5,04 mg/ml
Diazepam®	Diazepam	Beruhigungsmittel	0,1 mg/ml
Perlinganit®	Nitroglycerin	gefäßerweiternd, blutdrucksenkend	1 mg/ml
Insulin Hoechst®	Insulin	reguliert den Glucosespiegel	0,16 I.E./ml

24.2 Ergebnisse

Der zeitliche Konzentrationsverlauf der jeweiligen Wirkstofflösungen nach Passage der drei Infusionsschläuche ist in den Abbildungen 43 - 45 dargestellt. Um die einzelnen Meßergebnisse untereinander anschaulicher miteinander vergleichen zu können, wurden die gemessenen Konzentrationen auf die jeweilige angebotene Ausgangskonzentration des Wirkstoffs in der Vorratsflasche bezogen und dieser Wert 100% gesetzt.

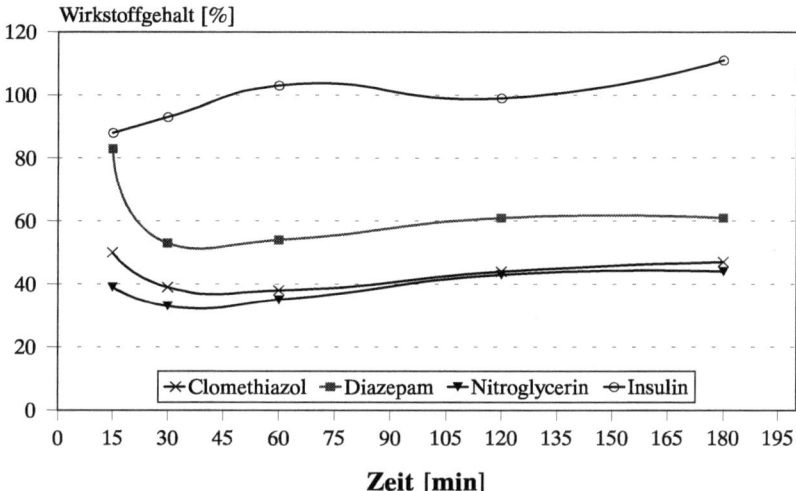

Abb. 42: Zeitlicher Konzentrationsverlauf der vier pharmazeutischen Wirkstoffe an einer Infusionsschlauchoberfläche aus **Weich-PVC.**

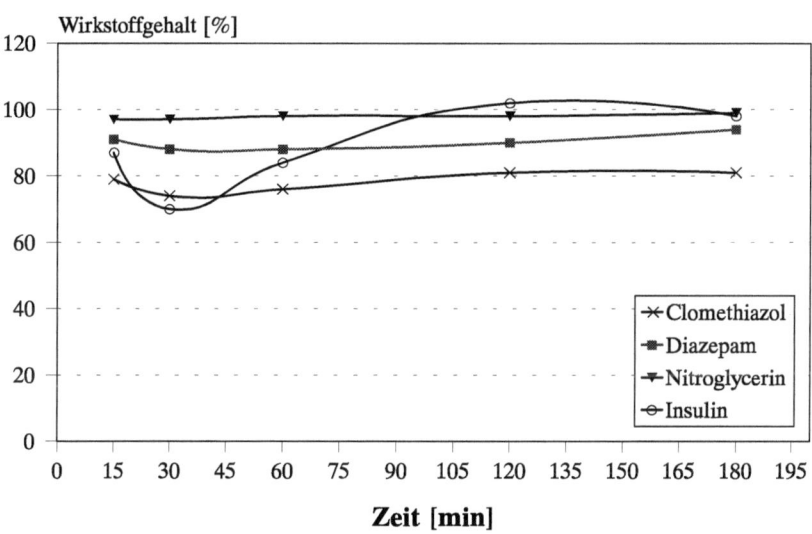

Abb. 43: Zeitlicher Konzentrationsverlauf der vier pharmazeutischen Wirkstoffe an einer Infusionsschlauchoberfläche aus

RAUMEDIC® SRT 200.

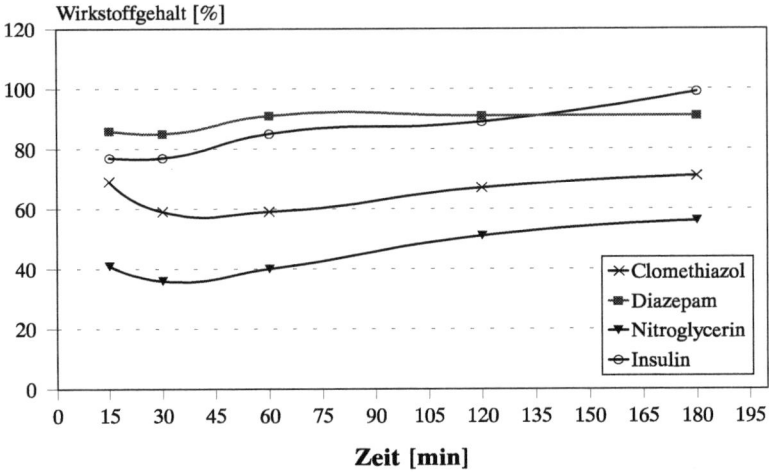

Abb. 44: Zeitlicher Konzentrationsverlauf der vier pharmazeutischen
Wirkstoffe an einer Infusionsschlauchoberfläche aus
Ethylen-Vinylacetat (EVA).

24.3 Deutung der Ergebnisse

Die graphischen Darstellungen 42 - 44 zeigen bezüglich des
Adsorptionsverhaltens der drei verschiedenen Werkstoffe gegenüber
bestimmten pharmazeutischen Wirkstoffen sehr deutliche Material-
unterschiede.

Weich-PVC senkt die Konzentration an Nitroglycerin und
Clomethiazol über einen längeren Zeitraum weit unter 50%. Diazepam
erreicht nur zu 60% der ursprünglichen Konzentration den Patienten.
Die Konzentration des Insulin bleibt dagegen nahezu unbeeinflußt.
Nach drei Stunden übersteigt die dem Patienten angebotene
Konzentration sogar 100%. Anfangs adsorbiertes Insulin wird im
weiteren Verlauf wieder desorbiert.

Etwas günstiger verhält sich das Ethylen-Vinylacetat-Copolymer
EVA. Zwar wird auch hier die Konzentration an Nitroglycerin auf
einen Wert um 50% gesenkt, der Konzentrationsverlauf für Diazepam

ist im Vergleich zum Weich-PVC aber weniger stark reduziert. Auch die Werte für Insulin können noch akzeptiert werden.

Sehr positiv ist dagegen das geringe Adsorptionsverhalten des Schlauchs aus Synthese-Kautschuk (RAUMEDIC® SRT 200) mit der Handelsbezeichnung Neutraden® zu beurteilen. Nitroglycerin, Diazepam und Clomethiazol werden vergleichsweise nur gering zurückgehalten. Innerhalb der ersten Stunde wird die Konzentration an Insulin nur auf 80% reduziert.

Der Anwender muß also sehr sorgfältig darauf achten, welches Medikament er über welchen Schlauch infundieren will. Aus einer etwas anderen Art der graphischen Darstellung der gewonnen Meßdaten können gewisse diesbezügliche Empfehlungen abgeleitet werden. In den Abbildungen 45 - 48 wird nun der zeitliche Konzentrationsverlauf eines jeden der vier untersuchten Medikamente im Kontakt mit den drei verschiedenen Schlauchoberflächen anschaulich gegenüber gestellt.

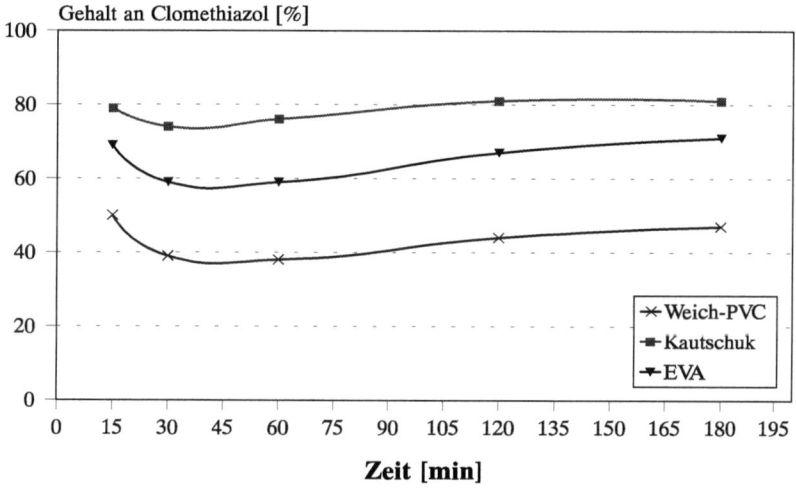

Abb. 45: Zeitlicher Konzentrationsverlauf des Wirkstoffs **Clomethiazol** an den drei Infusionsschlauchoberflächen

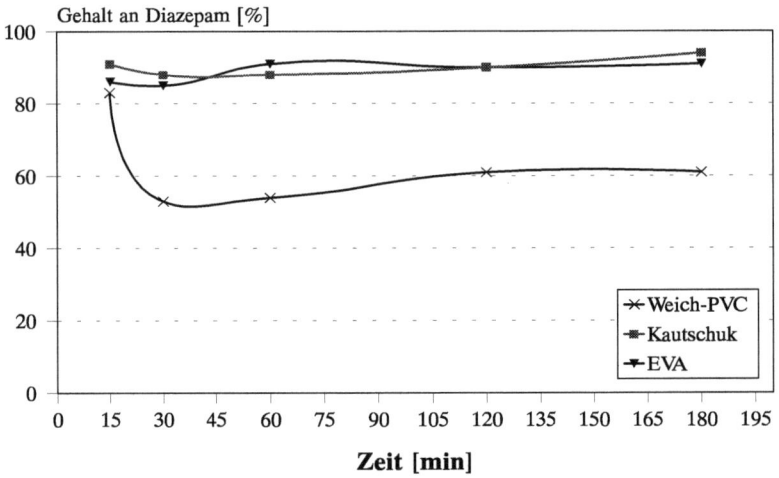

Abb. 46: Zeitlicher Konzentrationsverlauf des Wirkstoffs **Diazepam**
an den drei Infusionsschlauchoberflächen

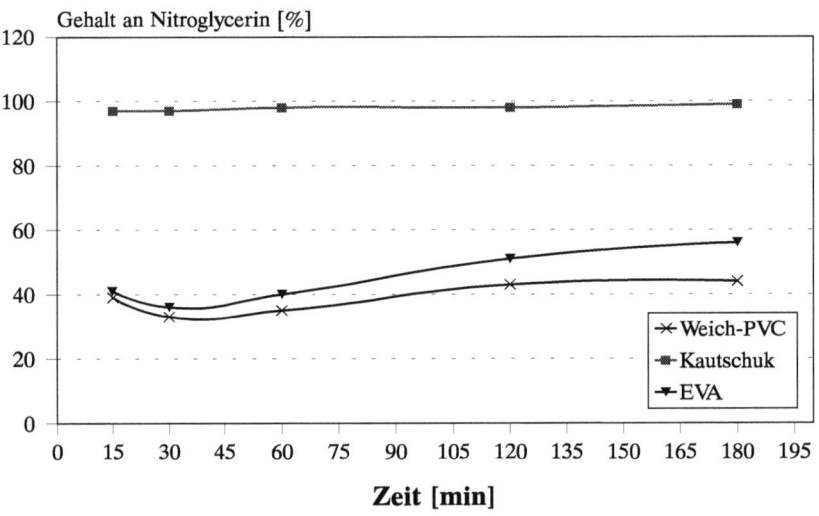

Abb. 47: Zeitlicher Konzentrationsverlauf des Wirkstoffs
Nitroglycerin an den drei Infusionsschlauchoberflächen

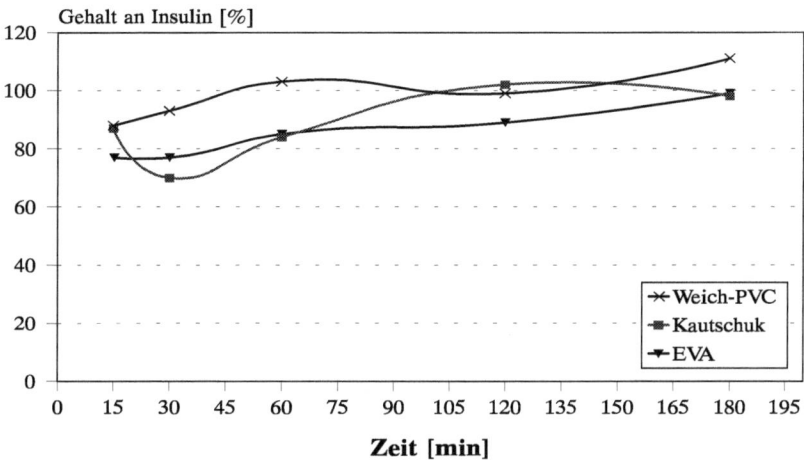

Abb. 48: Zeitlicher Konzentrationsverlauf des Wirkstoffs **Insulin** an den drei Infusionsschlauchoberflächen

Das Präparat Clomethiazol (Abb. 45) wird am geringsten vom Synthesekautschuk zurückgehalten am stärksten dagegen vom Weich-PVC.

Das Präparat Diazepam (Abb. 46) wird am geringsten vom Synthesekautschuk und vom Ethylen-Vinylacetat-Copolymer zurückgehalten am stärksten dagegen vom Weich-PVC.

Das Präparat Diazepam (Abb. 47) wird am geringsten vom Synthesekautschuk zurückgehalten am stärksten dagegen vom Weich-PVC und vom Ethylen-Vinylacetat-Copolymer.

Das Präparat Insulin (Abb. 48) wird in seiner Konzentration durch keinen der Schläuche wesentlich beeinträchtigt.

Handelsübliche Infusionsschlauchmaterialien adsorbieren tatsächlich in unterschiedlichem Ausmaß pharmazeutische Wirkstoffe, was zu dramatischen Konsequenzen für den Patienten führen kann, da die Wirkstoffkonzentration über einen längeren Zeitraum zum Teil erheblich reduziert wird. Von den drei untersuchten Materialien adsorbiert insbesondere Weich-PVC in großem Umfang verschiedene

173

Arzneimittelstoffe mit Ausnahme des Insulins. Synthesekautschuk ist dagegen hervorragend als Werkstoff für die Herstellung von Infusionssets geeignet. Dieses Material senkt die Konzentration der infundierten Präparate nur unwesentlich.

RAUMEDIC® SRT 200 ist eine Handelsbezeichnung der Firma REHAU AG&Co

Neutraden® ist eine Handelsbezeichnung der Firma Braun Melsungen AG

25. Rechtliche Vorschriften und Regelungen zur Herstellung und Vertrieb von medizinischen Produkten.

Bis Ende der Achtzigerjahre gab es keine gesetzlich verbindliche Regelung zur Herstellung und zum Vertrieb von medizinischen Produkten bzw. über den Umgang mit solchen Artikeln. Verantwortungsbewußte Hersteller produzierten nach den bereits erwähnten GMP-Rules (Good Material/Manufacturing Practices) und erlitten dadurch unter Umständen Wettbewerbsnachteile gegenüber weniger gewissenhaft produzierenden Konkurrenten. Für medizinische Geräte existierte in Deutschland nur die so genannte medizinische Geräteverordnung (MedGV). Für medizinische Artikel aus Kunststoffen gab es jedoch nichts Vergleichbares. Auf Initiative der EG-Kommission wurde Anfang der Neunzigerjahre das „Komitee für Europäische Normung" (CEN) ins Leben gerufen. Dieses Komitee sollte zunächst Richtlinien zur Harmonisierung des Europäischen Marktes erarbeiten. Als sich dann sehr rasch die Internationale Standardisierungsorganisation (ISO) dieser Initiative anschloss, stand nun die Patientensicherheit im Vordergrund.

Es gibt derzeit etwa 400 000 Medizinische Produkte. Zu ihnen zählen Spritzen, Kanülen, Schläuche, HLM, Röntgengeräte, Skalpelle, Implantate, Verbandstoffe aber auch so genannte Zwitterprodukte mit einem physikalisch-technischen und einem medizinischen Anteil.

Es wurde ein Basisdokument (ISO 10993 – EN 30993) erarbeitet mit dem Titel:

„Biologische Beurteilung von medizinischen Produkten"

Dieses Basisdokument enthält folgende Unterkapitel:

1. Anleitung für die Auswahl von Prüfverfahren
2. Tierschutzbestimmungen
3. Prüfungen zur Gentoxizität, Karzinogenität und Reproduktionstoxizität
4. Prüfungen zur Blut-Kunststoff-Wechselwirkung
5. Prüfungen auf Zytotoxizität: *in-vitro* Methoden
6. Prüfungen auf lokale Effekte nach Implantation
7. Ethylenoxid Sterilisationsreste
8. Klinische Prüfungen
9. Prüfungen von bioresorbierbaren und biodegradierbaren Materialien
10. Prüfungen auf Irritation und Sensibilisierung
11. Prüfungen auf systemische Toxizität
12. Probenvorbereitung und Referenzmaterialien.

Diese Liste wird ständig erweitert und überarbeitet.

Am 2. 8. 1994 trat dann das **Gesetz für Medizinische Produkte (MPG)** in Kraft. Ab 1. 1. 1996 müssen alle medizinischen. Produkte ein CE-Zeichen tragen, das heißt, dass sie vor dieser Zertifizierung nach den genannten Richtlinien überprüft werden mußten. Zu diesem Zweck wurden Zertifizierungsstellen (Notified Bodys) geschaffen. Diese Prüflabors müssen bestimmte Voraussetzungen erfüllen, die wiederum in einer Vorschrift (EN 45000) festgelegt sind. Die Genehmigung zur Zertifizierung von medizinischen. Produkte erteilt die „Zentralstelle der Länder für Gesundheitsschutz im Medizinischen Bereich".

Danach liegt die Hauptverantwortung für ein medizinisches Produkt beim Hersteller. In einer technischen Dokumentation müssen alle Fertigungsschritte des gesamten Herstellungsverfahrens der Zertifizierungsstelle vorgelegt werden. Sie enthält alle technischen Daten und Testergebnisse. Klinische Daten sind zu diesem Zeitpunkt noch nicht erforderlich. Es ist daher sinnvoll, daß sich ein Hersteller schon von Beginn einer Neuentwicklung mit seiner Zertifizierungsstelle zusammensetzt. Der Hersteller darf dann nicht mehr vom genehmigten Herstellungsverfahren abweichen, auch dann nicht wenn das zu einer Verbesserung des Produktes führen sollte, es sei denn, eine Neuzulassung liegt vor. Veröffentlichungen, Informationsschriften und Werbung dürfen von dieser Technischen Dokumentation nicht abweichen (Prinzip der Konformität). Der Hersteller muß eine Wareneingangskontrolle und ein so genanntes Qualitätssicherungssystem aufbauen und eine Risiko-Nutzen-Analyse erstellen, das heißt, eventuelle Nebenwirkungen bei der Anwendung des Produktes müssen vertretbar sein. Da die Hauptverantwortung beim Hersteller liegt, haftet er für sein Produkt (Produkthaftung).

Aber auch der Anwender bzw. der Betreiber trägt eine Mitverantwortung. Bei einer nicht sachgerechten Verwendung oder Behandlung des Produktes erwarten unter Umständen auch den Betreiber Bußgelder.

26. Die wichtigsten physikalischen Größen und Einheiten. (In alphabetischer Reihenfolge)

Größe	Einheit	Umrechnung
Arbeit:	Joule [J]	$1\ J = 1\ N \times m = 1\ kg \times m^2/s$ $1\ erg = 10^{-7}\ J$
Dichte:	[kg/m³] [g/cm³]	
Druck:	Pascal [Pa] [bar]	$1\ Pa = 1\ N/m^2$ $1\ bar = 10^5\ Pa$ $1\ atm = 1,01325 \times 10^5\ Pa$ $1\ at\ = 1\ kp/cm^2$ $\quad\quad = 0,9807 \times 10^5\ Pa$ $1\ at\ddot{u} = 1\ atm\ +1$ $1\ mWS = 9,790 \times 10^3\ Pa$ $1\ mm\ Hg = 1\ Torr$ $\quad\quad\quad = 1,3332 \times 10^2\ Pa$
Energie:	Joule [J] Elektronen- volt [eV]	$1\ J = 1\ N \times m = 1\ kg \times m^2/s$ $1\ J = 1\ W \times s$ $1\ eV = 1,60219 \times 10^{-19}\ J$ $1\ cal = 4,1868\ J$
Fläche:	[m²]	$1\ a = 10^2\ m^2$ $1\ ha = 10^4\ m^2$
Frequenz:	Hertz [Hz] [s⁻¹]	$1\ Hz = 1\ s^{-1}$

Größe	Einheit	Umrechnung
Geschwin-digkeit:	[m/s] [km/h]	1 km/h = 0,28 m/s
Kraft:	Newton [N]	$1 N = 1 kg \times m/s^2$ $1 kp = 9,807 N$ $1 dyn = 10^{-5} N$
Länge:	[m] Ångström [Å] Fermi [f]	$1 \mu = 10^{-6} m$ $1 Å = 10^{-10} m$ $1 f = 10^{-15} m$
Leistung:	Watt [W]	$1 W = 1 J/s$ $1 PS = 0,735 kW$
Masse:	[kg]	$1 g = 10^{-3} kg$ $1 t = 10^3 kg$ $1 Karat = 0,2 g$ $1 Dalton = 1,6602 \times 10^{-27} kg$
Stoffmenge:	Mol [mol]	
Stoffmengen-anteil:	[mol/mol]	
Stoffmengen-konzentration:	[mol/l]	
Temperatur:	Kelvin [K]	$°K = °C + 273,15$ $°C = °K - 273,15$ $°F = 1,8 K - 459,4$

Größe	Einheit	Umrechnung
Viskosität:	[Pa × s]	$1 \text{ Pa} \times \text{s} = 1 \text{ N} \times \text{s} \times \text{m}^2$ $= 1 \text{ kg/s} \times \text{m}$ $1 \text{ Poise} = 0,1 \text{ Pa} \times \text{s}$
Volumen:	[m³] Liter [l]	
Wärmemenge:	Joule [J]	$1 \text{ J} = 1 \text{ N} \times \text{m} = 1 \text{ W} \times \text{s}$ $1 \text{ cal} = 4,187 \text{ J}$
Zeit:	[s, min, h, d]	$1 \text{ min} = 60 \text{ s}$ $1 \text{ h} = 60 \text{ min}$ $1 \text{ d} = 24 \text{ h}$

REHAU®

Medizinische Schlauchprogramme RAUMEDIC

RAUMEDIC-SIK
- parent. Ernährung
- ECC
- Urologie
- Wunddrainage
- Angiographie
- enter. Ernährung
- Infusion
- Transfusion
- Diagnostik
- Dialyse

RAUMEDIC-PVC
- Dialyse
- parent. Ernährung
- ECC
- Urologie
- Wunddrainage
- Angiographie
- enter. Ernährung
- Infusion
- Transfusion
- Diagnostik

RAUMEDIC-PC
- ECC
- Oxigenator
- Formteile

RAUMEDIC-SRT, -EVA
- Infusion
- Transfusion
- Diagnostik
- Zytostatika

RAUMEDIC-PUR
- parent. Ernährung
- ECC
- Urologie
- Wunddrainage
- Angiographie
- enter. Ernährung
- Infusion
- Transfusion
- Diagnostik

RAUMEDIC-PA, -PE
- Angiographie
- Diagnostik
- parent. Ernährung

RAUMEDIC-TEL
- Angiographie
- Diagnostik

REHAU®

Lieferprogramm RAUMEDIC

Schlauchverbinder
ohne Luer-Lock

Art. 955423	Abmessung 3/16 x 3/16
Art. 955413	Abmessung 1/4 x 1/4
Art. 955403	Abmessung 3/8 x 3/8
Art. 955393	Abmessung 1/2 x 1/2

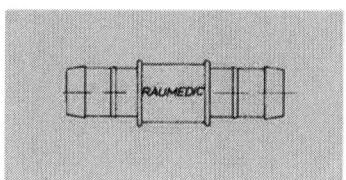

Reduzierverbinder
ohne Luer-Lock

Art. 955073	Abmessung 3/16 x 1/4
Art. 955083	Abmessung 1/4 x 3/8
Art. 955093	Abmessung 3/8 x 1/2
Art. 955103	Abmessung 1/2 x.5/8

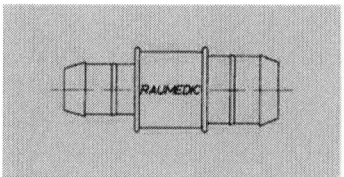

Y-Verbinder
ohne Luer-Lock

Art. 955113	Abmessung 1/4 x 1/4 x 1/4
Art. 955123	Abmessung 1/2 x 1/2 x 1/2
Art. 955133	Abmessung 3/8 x 3/8 x 3/8
Art. 955143	Abmessung 1/2 x 3/8 x 3/8
Art. 961360	Abmessung 3/8 x 3/8 x1/4

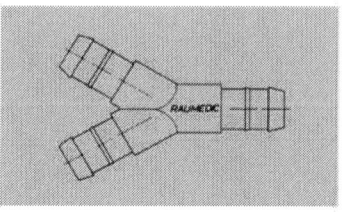

REHAU®

Lieferprogramm RAUMEDIC

Schlauchverbinder
mit Luer-Lock

Art. 955183	Abmessung 3/16 x 3/16
Art. 955173	Abmessung 1/4 x 1/4
Art. 955163	Abmessung 3/8 x 3/8
Art. 955153	Abmessung 1/2 x 1/2

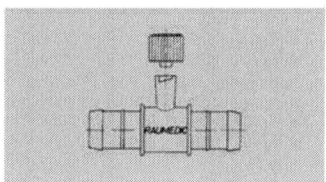

Reduzierverbinder
mit Luer-Lock

Art. 961370	Abmessung 1/2 x 3/8
Art. 961380	Abmessung 3/8 x 1/4
Art. 956834	Abmessung 1/4 x 3/16

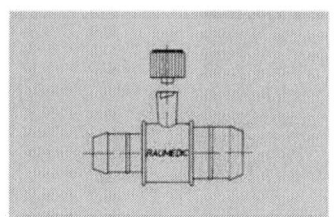

Y-Verbinder
mit Luer-Lock

Art. 955303	Abmessung 1/2 x 1/2 x 1/2
Art. 955313	Abmessung 1/2 x 3/8 x 3/8
Art. 955323	Abmessung 3/8 x 3/8 x 3/8
Art. 961350	Abmessung 1/4 x 1/4 x 1/4

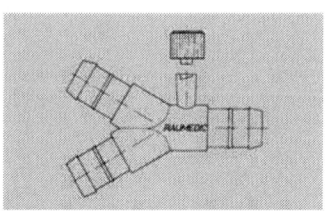

Lieferprogramm RAUMEDIC

Abmessungen		Leitungsschlauch	Pumpschlauch	Leitungsschlauch DEHP-frei
ID mm	**WD mm**	**RAUMEDIC® ECC-MED**	**RAUMEDIC® ECC-SIK**	**RAUMEDIC® ECC-noDOP**
3,20	0,80	039662	819180	
3,20	1,60	039672	819190*	
4,75	1,60	039682*	819200*	038177*
6,00	2,00		819330	
6,35	1,60	039692*	819210*	039505*
6,35	2,40	039702	819050*	039515
6,35	3,20		818501*	
7,95	1,60	039712	819220	038617
7,95	2,40	038645	819890	
8,00	2,00		819320	
9,50	1,60	039722	819160*	039525
9,50	2,40	039732*	819060*	039535*
9,50	3,20		819070*	
10,00	2,50		819310	
12,00	3,00		818841	
12,70	1,60	039752	819170	038537
12,70	2,40	039762*	819080*	039545*
12,70	3,20	038167	819090*	
15,90	2,40	039772	819100	
15,90	3,20	038285	819110*	

* ab Lager lieferbar

REHAU AG + Co
VK Medizin
Rheniumhaus
95111 Rehau

Fax: 09283-77-77-28
E-Mail: Martin.Stoecker@REHAU.com
www.REHAU.de